2022年度浙江省哲学社会科学规划后期资助课题
（编号：22HQZZ38YB）

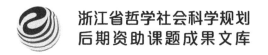

浙江省哲学社会科学规划
后期资助课题成果文库

伦理学视域下面向偏远地区人群的设计关怀研究

Ethical Perspectives on
Care-Driven Design for Remote and
Underserved Communities

邵陆芸　韩　超◎著

ZHEJIANG UNIVERSITY PRESS
浙江大学出版社
·杭州·

图书在版编目（CIP）数据

伦理学视域下面向偏远地区人群的设计关怀研究 /
邵陆芸, 韩超著. -- 杭州：浙江大学出版社, 2025. 5.
ISBN 978-7-308-26218-7

Ⅰ. TB21；B82-057

中国国家版本馆CIP数据核字第2025NE2714号

伦理学视域下面向偏远地区人群的设计关怀研究

邵陆芸　韩　超　著

策划编辑	吴伟伟
责任编辑	蔡圆圆
文字编辑	周　靓
责任校对	许艺涛
封面设计	雷建军
出版发行	浙江大学出版社
	（杭州市天目山路148号　邮政编码310007）
	（网址：http://www.zjupress.com）
排　　版	杭州林智广告有限公司
印　　刷	杭州钱江彩色印务有限公司
开　　本	710mm×1000mm　1/16
印　　张	14.5
字　　数	206千
版 印 次	2025年5月第1版　2025年5月第1次印刷
书　　号	ISBN 978-7-308-26218-7
定　　价	68.00元

浙江大学出版社市场运营中心联系方式：0571-88925591；http://zjdxcbs.tmall.com

目录

CHAPTER 1

第一章

绪　论

中国共产党第十九次全国代表大会以来，乡村振兴成为中国共产党作出的一项重大决策部署，也是中国政府实施的重要战略之一。中共中央、国务院于 2018 年 1 月发布《关于实施乡村振兴战略的意见》，2021 年 1 月发布《关于全面推进乡村振兴加快农业农村现代化的意见》。这既充分显示国家在"绝对贫困"问题上已有了历史性的解决，也同时为后续乡村振兴的具体实施指明了方向。然而我们也应清楚地认识到，为了继续巩固脱贫攻坚的成果，为了能在乡村地区创造宜居宜业的生活环境，为了能让广大农民谋求到更幸福美好的生活，乡村振兴之路仍需不断地求索和探赜。尤其是诸多偏远乡村的振兴更因其脱贫"摘帽"时间不长，实现其农业农村现代化不啻一项伟大而艰巨的工程。毋庸讳言，在这样的进程中"相对贫困"的问题将会日益凸显，而相较于"绝对贫困"，它则显得更为复杂一些。"绝对贫困"的解决重点在于满足衣食等维持人们基本生存所必需的消费品和服务；而"相对贫困"则更多地与社会和文化价值有关，涉及医疗、教育、居住等范畴的因素，故而解决起来不能仅仅依靠政府的单一行为，还需众多社会力量介入其中。艺术设计学科自从得到准许授予工科学位以来，其交叉学科的属性日益明显，在国家经济文化建设中的重要地位也愈发明确，而在乡村振兴战略中的作用和功能亦是不言而喻的，所以也理应对"相对贫困"问题做出反应。

　　然而长期以来，人们在生活经验和视觉印象中，似乎很难将艺术设计与偏远地区的贫困人群联系起来。当回顾传统社会的造物历史，抑或观察古代的主流器物时便不难发现，大家更容易津津乐道帝王将相、王公贵胄、才子文人、教会僧侣的审美情趣和设计文化，却很少会饱含激情地去关注普罗大众的设计诉求，更不用说那些生活窘迫、地处偏远的贫困群体。然而，伴随着道德意识的不断发展，评价和考量设计优劣的尺度和标准已然发生了巨变。过去的 100 年间，为普通民众服务的价值观念令近现代设计渐渐有了脱胎换骨的变化。特别是现代主义设计运动方兴未艾之际，一些怀揣理想的先驱曾一度试图通过设计变革来代替流血的社会革命[①]，并力求设计能为劳苦大众服务。时至今日，环境、经济、人道、平等、正义、战争、贫困等因素正在进入设计的视野，符合正道德价值的伦理观将会成为规范设计行为主体的行动指南。

第一节　问题的缘起

近年来，设计领域越来越多地在道德与责任范畴内不断调适自己的价值认识，这在很大程度上彰显了设计的人道主义情怀，也因此折射出一定的伦理意蕴。但正如罗曼·罗兰（Romain Rolland）所言："善不是一种学问，而是一种行为。"[②] 然而，就总的方向来说，与设计伦理相关的研究却往往忽略了通过精准、具体而适宜的设计行动来关怀不同阶层、不同生活状态的价值主体。偏远地区人群作为最广大劳动民众的重要组成部分，生活的困顿并不能成为其没有设计的理由，他们应该和其他民众一样，平等、公正地享有设计活动所给予的道德关怀。

---

① 　"他们当中也有不少人希望利用设计来建立一个较好的社会，建立良好的社区，通过设计来改变社会的状况，利用设计来达到改良的目的，而避免流血的社会革命（比如勒·柯布西耶）。"（王受之.世界现代设计史[M].北京：中国青年出版社，2002：108.）

② 　罗曼·罗兰.约翰·克利斯朵夫：第3册[M].傅雷，译.北京：中国友谊出版公司，2000：109.

一、"穷人没有设计"

让 - 雅克·卢梭（Jean-Jacques Rousseau）曾说："贫困……产生了如此强大的社会和时代难以消化的繁衍罪恶的能力。它使人类本性和道德这一公正的原则几乎完全丧失效应。"[1] 的确，贫困是诸多民族和国家相当普遍且又十分困扰的现象，它可谓千百年来最令人感到棘手的社会"顽疾"之一，似乎成为人类痛苦和不幸的根源。[2] 即便在物质生活极大丰富的今天，贫困依然是世界范围内挥之不去的阴霾。据世界银行统计："在全世界 60 亿人口中，有 28 亿人（占世界总人口的 57.5%）每天仅靠不足 2 美元来维持生计，还有 12 亿人每天靠不足 1 美元来生活。每 100 个婴儿中有 6 个看不到他们的 1 岁生日，有 8 个活不到 5 岁。在那些达到学龄的儿童中，9% 的男孩和 14% 的女孩无法上学。"[3] 而在中国，政府通过不懈的努力，短短 20 多年时间将整个国家的农村贫困率由 30.7% 奇迹般地下降到了 3.1%。[4] 但毋庸讳言的是，"按照 2011 年人均年纯收入低于 2300 元贫困线计算，中国有 1.28 亿贫困人口"[5]，且绝大部分集中在农村地区[6]。

事实上，贫困在物质生存意义上最为突出。当今时代，人类世界的面貌日新月异，从物质科学到生命科学，再到材料科技、能源科技和太空科技，诸多领域的发明创造都匪夷所思。尤其"互联网 +"时代的到来及信息技术的突飞猛进，更是一次又一次地激发着生产与生活方式的全新变革，科学技术正在以一种出人意料的方式渗透于日常衣、住、行、用的点滴之中。科技

① 丁晓禾，刘以林. 世语通言：狂语[M]. 长春：吉林人民出版社，1994: 33.

② 高尔基（Алексей Максимович Пешков）曾说过："人类生活一切不幸的根源就是贫困。"（叶明德，刘长茂. 反贫困与人口问题[M]. 杭州：杭州大学出版社，1998: 37.）

③ 《2000/2001年世界发展报告》编写组. 2000/2001年世界发展报告：与贫困作斗争[R]. 北京：中国财政经济出版社，2001: 5.

④ 王俊文. 当代中国农村贫困与反贫困问题研究[D]. 武汉：华中师范大学，2007: 4-5.

⑤ 中共中央党校经济学教研部. 中国扶贫开发调查[M]. 北京：中共中央党校出版社，2013: 5.

⑥ 世界银行，东亚及太平洋地区扶贫与经济管理局. 从贫困地区到贫困人群：中国扶贫议程的演进 中国贫困和不平等问题评估[R]. 世界银行，2009: 45.

是抽象的，它需要在一定程度上和特定领域中通过某些具体、物化的方式来展现自己的"魔力"，设计便是其中的手段之一。但是，对于大多偏远地区人群而言，他们却很少能"沐浴"在这些物质世界的泽被之下——连最起码的日常生活都捉襟见肘，就更不用提那些在高科技和大工业浪潮引领下由设计所带来的便利、实惠与技术之美了。即便在中国目前已解决"绝对贫困"的前提下，那些身处偏远，且依然受着"相对贫困"困扰的群体，依然难以真正享受到设计所带来的现代化生活。不妨说，千百年来身处社会底层但却为人类文明，特别是物质文明做出极大贡献的穷苦大众，往往在与物质世界关系紧密的设计领域里成为一群被遗忘的人，这不啻对公平和正义的漠视。美国著名评论家罗伯特·修斯（Robert Hughes）曾直言不讳地指出："穷人没有设计。"[①] 无独有偶，美国知名设计理论家、设计伦理思想的先行者维克多·帕帕奈克（Victor Papanek）在《为真实的世界设计》（*Design for the Real World*）一书中也说到穷苦的人们"从来就没有闻见过从设计师的作坊里飘出来的气息"[②]。

令人感慨的是，即使有识之士不断地呼吁设计对贫困的关注，但就总体趋势而言，当下设计市场的繁荣与璀璨却很容易让人暂时忘却为贫困民众而设计的隙缺。表面上，所谓的高端设计琳琅满目，外观样式标新立异，功能品类复杂繁多，服务类型千姿百态，市场价格不断攀高，甚至很多产品因过度设计而饱受诟病。但实际上，这些产品早已偏离了现代设计的本质特征和道德价值，更多地沦为身份、地位的标榜与象征。而"面向金字塔底层的产品设计严重'缺席'"[③]。那些"底层"民众亟须使用的卫生医疗设施、工具农具、教学用具、起居用品等为数众多、本应该纳入设计范畴的器物时常得不到满足，有些甚至被忽视。在此，仅以住宅与环境为例便能看出"金字塔底层"人群的设计匮乏。中国当前为数众多的贫困人群通常蜷居在简陋的廉租

① 王受之. 世界现代设计史[M]. 北京：中国青年出版社，2002: 108.
② 维克多·帕帕奈克. 为真实的世界设计[M]. 周博，译. 北京：中信出版社，2012: 65.
③ 胡飞，董娴之，徐兴. 为城市低收入群体而设计——兼论设计的社会责任[M]//李砚祖. 设计研究：为国家身份及民生的设计：第一辑. 重庆：重庆大学出版社，2010: 41.

房内，起居空间狭束，卫生条件堪忧，建筑材料低劣，几乎无法享有平均生活水准所必要的条件与设施，"设计"对他们来说简直如同天方夜谭。此外，贫困地区的公共环境设计也是乱象横生，位置适当、空间合理、具有凝聚力的公共空间可以说是屈指可数。已有的一些设计"作品"要么因经年累月缺乏维护而破败不堪，要么便是不符合当地的实际情况而被闲置或废弃。

值得一提的是，"穷人没有设计"不仅表现在相对贫困的群体难以享有设计品上，还体现在他们很难像其他普通民众一样有平等的权利和机会去参与设计。如前所述，现代语境下的"贫困"早已不只囿于物质内容，还在很大程度上表现为健康、生存、发展、文化与精神等方面缺乏权利和机遇。特别是在与设计有关的工艺美术或传统手工艺领域，由于赖以生存的经济与文化环境伴随全球化的浪潮而遭遇解体，一些贫困工匠不得不和传统市场相揖别。但这些群体的传统工艺或技艺又不能立即与当前的潜在需求相关联，致使其与现代市场供求关系失衡。丧失谋生渠道使得这些工匠的生活和精神面貌都变得越发窘迫，而这竟然成为剥夺贫困群体参与和接受设计的"罪魁祸首"，令人不禁扼腕痛心。

事实上，"面对低收入群体的生活、就业、教育、医疗等一系列问题，既可从社会学、经济学的角度，通过相关法律、规章和制度的创新进行宏观调控，又可针对具体问题采取各种'补短'措施进行调整改善，更为关键的是，从系统的角度将各种社会要素加以重组、整合和利用，实现金字塔底层和金字塔顶层的和谐发展、共同进步"[①]。显而易见，设计便是"补短"措施之一，在一定程度上它能作为一种社会力量参与扶困济危，帮助偏远地区相对贫困的人群获得普遍利益，积极作用于他们的生产和生活并使之发生全新的变化。

---

① 胡飞，董婳之，徐兴. 为城市低收入群体而设计——兼论设计的社会责任[M]//李砚祖. 设计研究：为国家身份及民生的设计：第一辑. 重庆：重庆大学出版社，2010: 41.

二、设计力量在"觉醒"

近现代设计发轫之际，设计的目光开始投向普通人，"穷人没有设计"这一事实并没有逃过一些现代主义设计先驱的眼睛。他们大多数人有着高尚的道德情怀，相信能通过自己的事业来改变社会不公，一部分人还怀揣社会主义理想，终其一生都在思考如何在设计中打破阶级的藩篱，呼唤着为普通人乃至贫困人群设计的新理念。勒·柯布西耶（Le Corbusier）就曾说过："我探索方法，希望有一天，通过这些方法，让穷苦的人们和所有诚实的人们都能在美好的住宅中生活。"[①] 维克多·帕帕奈克也说："世界上75%的人生活在贫穷、饥饿中，显然需要我们的设计机构在其时间表上挪出更多的时间来给予这些人关注。"[②] 虽然在某类场合，这些先锋的设计伦理思想常常被冠以"设计的乌托邦"而遭到反诘。但是，如果连这点"微光"都被湮灭的话，恐怕生活窘迫的人群就确然再无设计可言了。

好在21世纪以来，"缥缈"的理论思想终于能在一定程度上转化为实践，一些设计机构和设计师渐渐开启了"反贫困"的征程。像英国的"实际行动"组织（Practical Action）、美国的"良心设计"（Design w/Conscience）运动、日本的"Keita Kusaka"公司等都在用自己的方式给予贫困和边远地区人群一定的关怀。毫无疑问，设计力量正在逐步"觉醒"，对弱势群体的道德观照日益增多。这一方面是源于设计自身发展的要求；另一方面也是因为外部的社会需求使然。

（一）设计对优良道德价值的求索

目前，学界较为统一的认识是将艺术设计界定为"按照美的规律为人造物"的活动，或者说"是为人造物的艺术"。[③] 但是长期以来，设计的概念却

---

① W.博奥席耶，等. 勒·柯布西耶全集：第4卷（1938—1946年）[M]. 北京：中国建筑工业出版社，2005：7.

② 维克多·帕帕奈克. 为真实的世界设计[M]. 周博，译. 北京：中信出版社，2013：68.

③ 诸葛铠. 设计艺术学十讲[M]. 济南：山东美术出版社，2009：70.

不断在萎缩。因为人们对它的理解存有误区，时常将设计的全部活动简单地解读为只要在造物过程中处理好实用价值和审美价值之间的关系即可。这样的认识其实是一叶障目不见泰山，只看到设计"物性"的一面，却忽视了其"人性"的另一面。设计的行为是否失范，是否对自然、社会和人类造成负面影响等问题得不到重视。换言之，作为协调人与自然、人与社会、人与人过程中一种特定的行为存在，设计之"为人造物"的重点不该只是创造出冷冰冰的"物"，还应当为了达到人的幸福目标，而考虑如何赋予这些器物以人性的光辉。这就要求设计不能只囿于满足实用和审美的需要，还必须将人类利益共同体的道德需求纳入价值体系。设计伦理的提出意味着设计逐渐突破了早先只强调"物"而忽视行为本身的偏狭视域。当然，在此并非要否定实用价值和审美价值的重要性，只不过设计是综合各项价值的统一体，是否具有或符合优良的道德价值越来越成为评定设计善恶的重要标准。

"设计伦理的意义不仅在于激发设计师内心的道德情感，而且它指向实践，要求付诸实践。连接两者的无疑是行动。行动不一定会让理想变成现实，但是它将有可能带来改善。"① 设计伦理的研究可能始于理论，但它必将走向实践，进而推动设计事业乃至整个人类造物活动的发展。近年来，设计界开始围绕如何实现优良道德价值这一目标不断探索，诸如"生态设计""绿色设计""可持续设计""责任设计""无障碍设计"等全新的理念和实践活动层出叠见。其中，为弱势群体或边缘群体提供设计或帮扶其参与设计的价值认识，显然是无法规避也应被高度正视的一个重要领域，是设计自身得以良性循环，同时彰显人文关怀的发展路向。有学者认为，设计伦理在设计价值的研究框架里应关注如下三个方面，即"价值主体中的特殊边缘群体""人类以价值客体的面貌出现时的作用"与"设计的社会功能，使设计伦理成为设计的道德哲学"。② 第一个方面就是强调设计应关注老、弱、病、残、孕等特殊群体、弱势群体和边缘群体的生存价值，着眼于人与人的关系；第

---

① 周博. 现代设计伦理思想史[M]. 北京：北京大学出版社，2014: 274.

② 李立新. 设计价值论[M]. 北京：中国建筑工业出版社，2011: 26-27.

二个方面的核心内容则是强调应将自然生态作为价值的主体，将人作为价值的客体，考察生态之于人及设计的重要地位，着眼的是人与自然的关系；第三个方面是强调从社会功能出发去评价设计，实现设计的道德价值，着眼的是人与社会的关系。但无论出于哪个视角，上述的关注点都是规范设计的行为，使其具有正的道德价值。毕竟伦理学是有关道德的科学，设计伦理的逻辑起点和中心问题也必将是设计的道德。毋庸赘言，设计对偏远地区人群的关怀正是现代设计发展"拐点"上基于道德价值考量的一种抉择。

（二）社会力量参与扶困济危的诉求

"社会力量"是美国古典社会学家莱斯特·法兰克·沃德（Lester Frank Ward）提出的概念，具体是指"鼓动社会中众多成员采取社会行动，使社会发生变化的力量"[①]。沃德认为，饥饿、理想、癖好、善行、改革等人类的"渴望"是一种能调动人们采取行动的社会力量，同时也是能促使人们结成团体关系的基本动机和动力。所以，他呼吁政府应充分了解民众的"渴望"，整合民众的力量，用以推动社会的发展。众所周知，帮助人们处理贫困的问题是整个人类社会的"渴望"，当这一"渴望"聚集成一种力量时，就会推动社会的进步。但这不是仅凭政府便能一力承担的，因为政府并非全能，难以包办所有的社会问题。尤其像扶贫、社会救助、乡村振兴等这类复杂而长期的系统工程，还应有其他的社会力量参与才能形成对政府职能的补充，扩大相关工作的覆盖面。

西方社会非常重视民间力量在扶困济危中的作用，并且很多国家都通过法律的形式对非政府组织展开的相关活动给予保护和支持。特别是欧美等国家在相关领域有着成熟和丰富的经验，其总的特点是：发展迅速，数量较多；社会贡献率高；在社会救助方面发挥显著作用。[②] 而中国政府也正在大力倡导社会力量参与相关活动。2014年2月，国务院第649号令颁布了《社会

---

① 马国泉，张品兴，高聚成. 新时期新名词大辞典社会学[M]. 北京：中国广播电视出版社，1992: 529.

② 吴振华. 社会力量参与社会救助制度的路径[J]. 中国民政，2015(7): 25.

救助暂行办法》，单辟一章专门对社会力量参与社会救助进行明确阐述，其中提到："国家鼓励单位和个人等社会力量通过捐赠、设立帮扶项目、创办服务机构、提供志愿服务等方式，参与社会救助。"① 这是第一次以行政法令的方式对社会力量的参与做出规定，这不仅有利于强化社会责任意识，还在一定程度上使社会力量参与的行为和活动有了保障，拓宽了救助的渠道和形式，"标志着社会救助工作从资金物资保障转向资金物资保障、生活照料服务和心理疏导相结合，是社会救助方式新的规范、新的发展"②。而 2018 年中共中央、国务院发布的《关于实施乡村振兴战略的意见》也强调要汇聚全社会力量参与乡村振兴。

当然，"社会力量"参与"反贫困"与乡村振兴的途径是多元的，除了上述《社会救助暂行办法》中所提及的几种方式外，设计力量的介入亦是其中之一，只不过以前人们可能并没有对此给予更多的关注。设计关怀偏远地区人群，特别是那些相对贫困群体可谓一种符合正道德价值的善行（后文将对此有详细论述），其结果也必然能为社会发展做出应有的贡献。事实上，随着中国经济改革的持续深化以及精神与物质文明建设的不断发展，设计的力量越来越受到重视。2011 年设计学升格为一级学科后，兼具艺术学与工学的特点使其与国计民生联系紧密，也逐渐由边缘学科走向国民经济建设的舞台中央。不言而喻，它在相关事业中也能充分发挥坚实而有效的力量。本质上来说，这也正是设计不断履行道德责任的内在要求之一。

---

① 中华人民共和国国务院.社会救助暂行办法[EB/OL].(2014-02-21)[2018-10-20].https://www.gov.cn/zhengce/2014-02/28/content_2625652.htm.

② 新华网.民政部：鼓励社会力量参与社会救助[EB/OL].(2014-02-28)[2018-10-18].http://news.xinhuanet.com/politics/2014-02/28/c_119553700.htm.

第二节　本研究的现状

　　人类发展史就是一部与贫困不断作斗争的历史。无论是国内还是国外，在社会发展的早期阶段，就已经有着对公平、正义的追求和向往。其中不乏人们对摆脱贫困或追求共同富裕的朴素理想和社会活动。像古希腊与古罗马时期的乌托邦理想以及平等和公平的思想；中国传统社会"不患寡而患不均"的观念以及大同社会的理想等都或多或少与摆脱贫困、关怀弱势群体相关联。然而，直到英国工业革命之后，人们才逐渐对贫困给予一定的关注，而从真正意义上开始讨论贫困问题的时间尚不逾百年。至于具有一定伦理意蕴的设计探讨或思考，可以追溯至 19 世纪下半叶的英国"艺术与手工艺"运动（亦称"工艺美术运动"，The Arts and Crafts Movement）前后，它几乎和近现代设计的开端同步。但是，针对弱势群体和边缘群体，特别是贫困群体进行的专项而系统的设计伦理研究直到今天仍凤毛麟角，鲜见于笔端。

　　本书的重点是在设计伦理的视域下系统考察和分析针对偏远地区相对贫困群体的设计关怀，探讨如何践行具有正道德价值的途径和方法。因此，本书势必要在一定程度上梳理贫困及设计伦理等相关研究的成果，从中寻求借鉴、提出问题、补充内容，为后续的相关讨论提供某些参考，以作抛砖引玉之用。

一、有关贫困的研究

　　国内外有关贫困研究的起点不尽相同，西方相对较早，并且在研究的方法和范畴方面也各有特色，具体内容如下。

（一）国外研究状况述评

总的说来，国外有关贫困的研究流派林立，虽然在贫困的内涵、特征、量化标准等方面还缺乏较为系统和完整的理论构架，但整体积累深厚、成果丰富、视野开阔。不同学术领域对贫困研究的切入点也不尽相同，整体看来，可分为两大类。

1. 经济学范畴，偏重从财富或物质性角度进行的探究

例如，被誉为经济学界"哥白尼"的西方经济学鼻祖亚当·斯密（Adam Smith）早在著名的《国富论》（全名为《国民财富的性质和原因的研究》，*An Inquiry into the Nature and Causes of the Wealth of Nations*）中就说道："一个人是贫是富，就看他能在什么程度上享受人生的必需品、便利品和娱乐品。"[①] 可见，他是从物质享有度的视角来讨论贫困问题。但他并没有进一步具体化这一程度的范围，也因此导致对贫困的界定产生困难。在他之后，19 世纪末，英国企业家和管理学家、行为科学的先驱者之一的本杰明·西伯姆·朗特里（Benjamin Seebohm Rowntree）提出了"绝对贫困"的概念，并认为最低生活支出即贫困线，这一理念为量化贫困程度提供了思路。而 19 世纪德国统计学家和经济学家恩斯特·恩格尔（Ernst Engel）则提出了著名的"恩格尔定律"，即用于食品支出的费用占家庭总收入的比重越大，个人或家庭就越贫困。虽然这些理论在方法上或有问题，特别是将贫困的缘由归结为个人因素的理念值得商榷，但的确为后来有关贫困问题的研究奠定了基础。

此后，"后凯恩斯主义经济学"（Post-Keynesian Economics）逐渐成为西方"反贫困"理论的主要来源之一。其中以美国经济学家阿瑟·奥肯（Arthur M. Okun）的"漏斗理论"和 1970 年诺贝尔经济学奖获得者保罗·A. 萨缪尔森（Paul A. Samuelson）的"收入可能性曲线"等为代表。另外还有像福利经济学（Welfare Economics）、发展经济学（Development Economics）也对贫困的理论研究贡献良多，代表人物有英国经济学家约翰·阿特金森·霍布森

[①] 亚当·斯密. 国民财富的性质和原因的研究[M]. 郭大力，王亚南，译. 北京：商务印书馆，1979: 26.

（John Atkinson Hobson），及瑞典经济学家、1974年诺贝尔经济学奖得主冈纳·缪尔达尔（Karl Gunnar Myrdal）等。

2.社会学范畴，侧重在人的权利.机会以及文化等方面的思考

经典马克思主义的贫困理论在此中可谓独树一帜，卡尔·马克思（Karl Heinrich Marx）和弗里德里希·恩格斯（Friedrich Engels）对贫困问题的研究尤为深刻。他们在剖析资本主义社会后得出一个结论，即贫困并非个人的贫困，而是整个无产阶级的贫困，它与资产阶级的富裕相对。与此同时，经典马克思主义还认为，无产者的贫困是劳动异化的结果。他们生产的产品越多反而致使其被剥削的程度越高，因此越发贫困。只有消除资本主义社会这个根源，才能使更多的无产者摆脱贫困。

另有一些人类学家、社会学家和哲学家也在经济领域之外对贫困做出各种不同视角的探讨。如美国伊利诺伊大学（University of Illinois）人类学教授、美国人文与科学学院院士奥斯卡·刘易斯（Oscar Lewis）从文化视野剖析贫困的成因，并认为贫困文化具有代际传递性。而英国社会学家彼得·布里尔顿·汤森（Peter Brereton Townsend）对"贫困"的定义是："当个人、家庭和群体缺乏资源去获得饮食、参与社会活动和生活条件及设施等事项时，可被称为贫困民众。而这类事项本该是人们习以为常，或至少是其所属社会中被广泛提倡或认可的。他们的资源严重低于一般家庭所需，以至于他们实际上被排除在普通的生活方式、习俗和活动之外。"[1]1998年诺贝尔经济学奖获得者，印度经济学家、哲学家阿马蒂亚·森（Amartya Sen）则从权利的角度阐述贫困，认为人们的贫困不是因为食物的匮乏，而是因为食物分配制度的不平等。其实不用去区分"绝对贫困"和"相对贫困"，因为任何一种贫困都往往是权利的缺乏。

毋庸赘言，国外的成果对我们的相关研究不无裨益，但也不可否认地存在着某些局限性。

---

[1] Townsend P. Poverty in the United Kingdom: A Survey of Household Resources and Standards of Living[M]. Harmondsworth: Penguin Books，1979: 31.

第一，国外的贫困研究有其特定的阶级背景、社会环境和文化立场，诸多观点和思考并非放之四海而皆准。尤其是针对中国的贫困问题，可能更多地还须依靠本国自身的力量才能逐步解决。

第二，西方的研究构架较为松散，批判与反诘居多，继承和发扬较少，易导致个人主义倾向，且在"反贫困"领域多为探索性理论，较缺乏可操作层面的指导性意见和建议。

第三，从设计视角切入贫困的理论研究总体数量偏少，间或有一些也多浅尝辄止，缺乏体系性。而相关实践更是较为零散，各种活动之间没有内在联系，更无理论指导和经验总结。

（二）国内研究状况述评

相较于国外，国内的贫困研究起步甚晚，理论成果总体数量不丰，实践活动较为滞后。尤其是改革开放以前，理论界长期回避贫困问题。"新中国成立后，贫困问题虽严重地存在，但是传统的理论认为，以公有制为基础的社会主义社会实行的是生产资料与劳动成果占有上的人人平等，理所当然地也就不存在贫困。"[1] 因此，贫困问题几乎成为社会主义经济理论研究中的一个"禁区"[2]。20 世纪 80 年代中后期，政府开始实施大规模的扶贫计划，学术领域也将此作为热点问题予以关注，逐步形成了一些有质量的成果，涌现出一批知名学者。具体而言，中国目前有关贫困问题的研究多集中在以下几个方面。

1. 有关贫困及其成因的认识

中国学者普遍认为贫困及其成因不仅仅局限在经济领域，还与诸如环境、能力、知识、机会、权利、体制、文化等因素关系紧密。例如，2004 年胡鞍钢和温军在谈及西部少数民族地区发展战略时说："21 世纪应调整西部少数民族地区的发展战略，由过去单纯关注缩小经济发展差距，转向优先缩

---

[1] 陈端计. 从反贫困视角对构建和谐社会的思考[J]. 岭南学刊，2007(1): 63.

[2] 陈端计. 从反贫困视角对构建和谐社会的思考[J]. 岭南学刊，2007(1): 63.

小社会发展差距、知识发展差距和人类发展差距，由以往单纯消除收入贫困转向消除知识贫困、权利贫困和人力贫困。"① 江亮演在《社会救助的理论与实务》一书中则认为："通常所称的贫困是指生活资源缺乏或无法适应所居的社会环境而言，也就是无法或有困难维持其肉体性或精神性生活的现象。"② 此外，桑志达在《重新认识贫困问题》一文中提出"贫困还包括文化贫困、精神贫困"③。方晨曦、龙运书、吴传一则认为"贫困是历史性概念、社会性概念、动态性概念、综合性概念"④。

2. 有关贫困的测量

贫困在现实中非常难以度量，不同的地域、民族、国家、历史、制度、经济等因素都会令人们对它有迥异的认知。我国学者对贫困的测量也有多类指标和方法。例如，杨叶早在 1991 年的《贫困程度的测量》一文中就基于"绝对贫困"的概念，提出用营养法和基本需求法来测定贫困，并认为一个好的贫困测量指标必须具备两个特点："当贫困户收入减少时，该指标值增大""可加性原则，即将总体划分成若干组，总体贫困指标可通过各组贫困指标的加权汇总得到"。⑤ 曲圣洁则在《测定贫困程度的综合评价法》一文中"从五个方面，选取了 13 个指标建立社会发展指标体系，对指标进行无量纲化，计算指标指数和派生指数，通过加权算术平均求得综合评价指标值，并确定贫困评价标准"⑥。王荣党则在《农村贫困线的测度与优化》一文中总结了几种国际上确定贫困线的常用方法："市场菜篮法""恩格尔系数法""基本需求法（也称为定值定量法）""营养构成法""马丁法""数字模型法"⑦ 等。而王小林的《贫困测量：理论与方法》一书则可谓弥补了我国在贫困测量研究方面的不足。该书通过大量的模型和数据分析较为客观和系统地介绍了贫

---

① 胡鞍钢，温军. 西部开发与民族发展[J]. 西北民族大学学报（哲学社会科学版），2004(3): 55.

② 江亮演. 社会救助的理论与实务[M]. 台北：桂冠图书公司，1990: 23.

③ 桑志达. 重新认识贫困问题[J]. 毛泽东邓小平理论研究，1997(5): 68.

④ 方晨曦，龙运书，吴传一. 再释贫困[J]. 西南民族大学学报（哲学社会科学版），2000(5): 71-73.

⑤ 杨叶. 贫困程度的测量[J]. 中国统计，1991(10): 29.

⑥ 曲圣洁. 测定贫困程度的综合评价法[J]. 统计与咨询，1995(1): 25.

⑦ 王荣党. 农村贫困线的测度与优化[J]. 华东经济管理，2006(3): 44-45.

困测量的途径，包括一系列从收入和消费视角进行的贫困及不公平测量、动态测量及多维贫困测量等方法，测量覆盖面和对象较为广泛，定位较准确。[①]

3. 有关"偏远地区"的研究

国内有关"偏远地区"的研究多与"贫困"问题联系紧密，往往聚焦在现代交通欠发达、经济较为落后、绝对贫困或相对贫困人口较为集中的农村区域。研究重点则多分布在金融、医疗、教育（尤其是中等教育）、电力工业、环境资源开发利用等领域，且相关专著偏少，而以专题或案例形式进行研究的论文居多。譬如，陆汉文、朱晓玲 2020 年发表于《中国农业大学学报（社会科学版）》的《西藏偏远地区的脱贫道路与发展困境——以阿里地区一个贫困村为例》一文便通过案例的探讨来分析西藏偏远地区某村解决"绝对贫困"问题的路径及其后发展中面临"相对贫困"问题的难点与痛点。而杨光 2019 年发表于《中国教育学刊》的《我国偏远地区少数民族基础体育教育的改革分析》一文则主要解析了西南偏远少数民族地区基础体育教育存在的问题，并提出了相应的解决路径和对策。然而总体看来，与艺术设计相关的研究仍可谓凤毛麟角。

4. 有关"反贫困"的研究

目前看来，该领域的研究主要聚焦在"反贫困"的战略、机制、措施和治理结构等关系方面。例如，1995 年康晓光在《中国贫困与反贫困理论》一书中就针对 20 世纪 90 年代中国"反贫困"以及相关政策作出了积极的探讨，并深入分析了政府在"反贫困"问题上所扮演的重要角色。2005 年，王朝明和申晓梅等著的《中国 21 世纪城市反贫困战略研究》一书也在很大篇幅上对中国城市贫困的趋势进行深入分析，并详细提出了"反贫困"战略的总体构想。而像 1991 年岳润生的《中国扶贫开发》、1995 年李强的《中国扶贫之路》及 1996 年温友祥的《扶贫开发的理论与实践》等则是从理论和实践两个方面细致地研究了中国"反贫困"的具体途径和方法，具有一定的指导意义。此外，有关"反贫困"的治理结构等研究则主要集中于对贫困人口的组织和参

[①]　王小林. 贫困测量：理论与方法[M]. 北京：社会科学文献出版社，2012.

与形式等方面，其中具有代表性的论著有 1998 年中国（海南）改革发展研究院《反贫困研究》课题组编的《中国反贫困治理结构》等。

由上可见，中国有关贫困问题的研究在短短 30 年间已取得较为瞩目的成绩，这实属不易，但同时也不可避免地存有一些不足。

首先，较多的研究呈现重实践、轻基础，重现象、轻理论的趋势，有关贫困的一般性理论研究还较为薄弱，而从不同视角和切入点进行的"反贫困"研究则又显得缺乏系统性。

其次，有关贫困的研究往往易关注"物"，而忽视"人"，从人的价值角度在伦理学范畴中的探讨十分稀缺，对贫困主体的道德关怀显然不够。

最后，与国外的研究现状相似，设计领域较少介入贫困问题。虽然也存在某些实践活动，但在理论探讨上亟待补裨，特别是基于伦理学的系统研究更是较为少见。

二、有关设计伦理的研究

虽然学界现在较为认可设计伦理的研究应始于"二战"以后的西方社会这一说法，并普遍承认后来发展出的设计伦理思想与理念可能受维克多·帕帕奈克的影响相对多一些。但这并不代表在帕帕奈克之前设计领域就没有直击道德问题的思考与实践。换言之，帕帕奈克的设计伦理思想也并非无源之水、无本之木，它是西方社会设计思潮不断演进与深化的结果。

（一）国外研究状况述评

如前所述，近现代设计发轫之际，虽然"设计伦理"一词并未被明确提出，但一些有识之士已然开始间接地从道德、伦理的视角思考、评论甚至践行某些设计活动。早在"艺术与手工艺"运动之前的数年间，著名的英国设计师及理论家奥古斯都·威尔比·诺斯摩尔·普金（Augustus Welby Northmore Pugin）就已经有了对大工业化社会生活的反思意识。在其 1836 年出版的

《对比》（*Contrasts*）中，他将那时的城市状况与中世纪时期做了比较，明确提出要回归到中世纪的信仰和社会结构中去的思想观念，因此极力主张中世纪哥特式风格的复兴。他的思想对"艺术与手工艺"运动的灵魂人物约翰·罗斯金（John Ruskin）影响深远，而后者的批判思想往往充斥着一种伦理内蕴。罗斯金曾在牛津大学担任艺术史教授，因此对社会上诸多与设计及艺术有关的事象做出过站在道德角度的评论。他对彼时社会充斥的功利主义色彩深恶痛绝，对机械化的生产及其相关设计表示反感。在其知名的论著《建筑的七盏明灯》（*The Seven Lamps of Architecture*）中，我们能看出这样的情绪："建筑的欺骗行为，大体上可以在三个项目之下探究：第一，暗示有别于自己真正风格的构造或支撑模式，如同晚期哥特式建筑的屋顶垂饰。第二，在建材表面上色上漆，呈现为与真正所用不同的材质（譬如把木材漆成大理石纹路），或者是用表面的雕刻装饰呈现骗人的效果。第三，使用任何一种预铸或者由机器制造的装饰。"① 当然，罗斯金的设计伦理思想较为分散，而他的后继者"艺术与手工艺运动"代表人物威廉·莫里斯（William Morris）则走得相对远一些。尤其是他的设计实践，直接在道德视野下对当时设计市场的混乱、设计趣味的低俗予以一记当头棒喝。尽管其设计思想中带有较多的理想主义成分，有时还会和自己的主张互相矛盾，但这并不能抹杀莫里斯对设计伦理发展进程的贡献。

此后，奥地利建筑师与建筑理论家阿道夫·卢斯（Adolf Loos）撰写了《装饰与罪恶》（"Ornament and Crime"）一文。他用惊世骇俗的文字阐述了自己对装饰的观点，严斥装饰是一种落后或是退化的现象。他说，"落伍者迟缓了民族和人类的文化进步；装饰是罪犯们做出来的；装饰严重地伤害人的健康，伤害国家预算，伤害文化进步，因而发生了罪行"②，这一评价无疑体现出道德角度的思考。而到了现代主义设计浪潮高涨的时期，一批有着真知灼见的设计师和理论研究者更是愈发关注设计的道德问题。其中不乏像勒

---

① 约翰·罗斯金. 建筑的七盏明灯[M]. 谷意，译. 济南：山东画报出版社，2012：45.
② 阿道夫·卢斯. 装饰与罪恶[M]//郑巨欣，陈永怡. 设计学经典文献导读. 杭州：浙江大学出版社，2015：256.

柯布西耶这样的设计大家，以及以瓦尔特·格罗皮乌斯（Walter Gropius）、路德维希·密斯·凡德罗（Ludwig Mies Van der Rohe）、拉兹洛·莫霍利 - 纳吉（Laszlo Moholy-Nagy）等为代表的包豪斯设计团体。而包豪斯的设计立场更是在民主的设计、为大众而设计、设计的责任等方面为后世开辟了新的局面。到了乌尔姆时代，其对包豪斯设计理念的扬弃依然强调理性主义或功能主义、民主性设计和社会责任。

但总的来说，20 世纪上半叶及以前与设计伦理有关的思想或多或少受到了 19 世纪末的社会主义思潮及理想化设计理念影响，往往较难"落地"生根，很多实践活动缺乏系统的设计伦理观来指引。直到 1964 年，英国设计师肯·加兰德（Ken Garland）起草了《首要事情首要宣言》（*First Things First a Manifesto*），设计伦理领域才算是初步有了在道德价值方面比较自觉、直接和较为实际的设计反思。这份文件将设计的使命和责任提上议事日程，并将其与国家繁荣联系在一起。而且，该宣言由包括平面设计师、摄影师、学生在内的几十位对设计道德极为关注的人士联合签名而成，是早期设计伦理方面较为重要的文献之一。

到了 20 世纪 70 年代，设计伦理的研究领域出现了一位执牛耳者——帕帕奈克。他可谓从真正意义上系统地将设计置于道德层面进行探讨的第一人，甚至"有的学者把设计伦理问题的提出归功于他"[①]。1971 年，帕帕奈克出版了设计伦理研究中具有里程碑意义的重要著作——《为真实的世界设计：人类生态和社会变革》（*Design for the Real World: Human Ecology and Social Change*）。该书将设计的责任意识提升至异常重要的地位，这对后来设计领域里出现的绿色设计、可持续设计、生态设计，甚至包括无障碍设计等观念与实践都有着深远的影响，以至于有人将其称为当代"负责人设计"之父。[②] 此后，他又陆续出版了《为人的尺度而设计》（*Design for Human*

---

① 周博. 现代设计伦理思想史[M]. 北京：北京大学出版社，2014：4.

② 清华大学美术学院教授柳冠中在为维克多·帕帕奈克《为真实的世界设计：人类生态和社会变革》一书中文版作序时曾提出该观点，详见：柳冠中. 负责任的设计[M]//[美]维克多·帕帕奈克. 为真实的世界设计：人类生态和社会变革. 周博，译. 北京：中信出版社，2013：7.

Scale）和《绿色律令：为真实世界的自然设计》（*The Green Imperative: Natural Design for the Real World*）两部与设计伦理有关的论著。其中，帕帕奈克站在设计的立场，对自然环境、可持续发展、第三世界的生存状况等问题进行了较为精彩的讨论。

帕帕奈克之后，有关设计与道德、伦理之间关系的探讨开始相对增多。人们也逐渐在设计的责任问题上进行了较为细致的研究。其中较具代表性的有：玛西亚·M.O. 桑·帕约·罗斯菲尔德（Marcia M.O. Sam Paio Rosefelt）撰写的博士学位论文《设计困境：西方社会工业设计的新道德研究》（"The Design Dilemma：A Study of the New Morality of Industrial Design in Western Societies"）、乔纳森·M. 伍德汉姆（Jonathan M. Woodham）的《20 世纪的设计》（*Twentieth-Century Design*）、朱迪·阿特菲尔德（Judy Attfield）编的《效用评估：伦理学在设计实践中的作用》（*Utility Reassessed：The Role of Ethics in the Practice of Design*）文集中尼格尔·怀特利（Nigel Whitely）的《效用，设计原则和伦理传统》（"Utility，Design PrinciPles and the Ethical Tradition"）一文、哈泽尔·克拉克和戴维·布洛迪（Hazel Clark，David Brody）编的文集《设计研究读本》（*Design Studies: A Reader*）、汤姆·拉丝（Tom Russ）的《可持续性与设计伦理》（*Sustainability and Design Ethics*）等。

不难发现，即便在国外，真正意义上对设计伦理问题的研究也并不算早。特别是到了"二战"以后，人们开始对经济、自然和社会问题不断地反思，设计领域才逐渐有了从责任的视角牵引出对道德价值的探讨。虽然这些研究对设计自身的发展极具指导作用，但并非十全十美。

首先，自"艺术与手工艺运动"以来，人们对设计在道德范畴的探究基本还是没有跳出设计本体的框架，较少引入伦理学的研究方法。大多数思想和观点时常是"有感而发"，或出于设计行为主体的好恶，导致个人主义色彩浓厚。很多诸如"设计道德的终极目标""设计的道德规范""公正""人道""幸福""良心"等深层次的概念、原则和规律还较少被触及，这也导致基于设计伦理视域的评价体系和行为规范难以构建。

其次，国外设计领域对设计之于自然和社会层面的研究较多，而对设计之于人的道德关怀方面虽有涉及，但具有研究性的著述明显不足。此即是说，国外设计伦理多集中在对自然环境、可持续性发展、能源与材料、功能与效用、审美的"善恶"等问题的思考上。尽管存在一些与边缘弱势群体有关的理论和实践，但研究力度不强，而对于关怀贫困群体的设计伦理探讨就更是寥若晨星。

最后，通过系统的伦理观来指导设计关怀偏远地区人群的实践还是总体较少，基本属于个体行为，且多局限于物质领域，对相关人群的精神世界、社会认知、自我价值实现等方面的关怀不够。

（二）国内研究状况述评

虽然中国自古便是非宗教主导的伦理型社会，且与道德、伦理有关的著述不胜枚举，但有关设计伦理的记载却多是散落在论及宗法、礼教、政治、社会、文化等内容中的一鳞半爪。古代文献对设计的专项研究本就不多，更不用谈设计伦理了。此后一些相关记载大抵也较为零星，几乎没有研究性的论著。

改革开放以来，伴随着中国设计学科的发展和设计理论研究的精进，与伦理相关的思考逐渐起步。然而，真正意义上的学术探讨则来得较为迟晚，且是由设计教育领域首先涉猎。1997年，许平、刘青青在《艺苑》[南京艺术学院学报（美术与设计）]第3期发表《设计的伦理——设计艺术教育中的一个重大课题》一文，被认为是当时中国较早将"设计"和"伦理"联系在一起的研究性文章。文中探讨了设计伦理在设计教育中的重要性和必要性，对设计伦理的性质和作用也有所阐释，并在一定程度上呼吁在设计实践中引入正确伦理观的意义。1998年，许平于《美术观察》第8期发表《关怀与责任——作为一种社会伦理导向的艺术设计及其教育》一文，从"尽善尽美"的古老命题引发出对设计伦理重要性的探讨，并列举了众多在以往设计领域看来是好的但却在伦理问题上出现偏差的设计案例。

21 世纪伊始，设计伦理的相关研究逐年有所增加，但总量偏少。像李朝成 2000 年发表于《美术之友》第 3 期的《设计艺术与设计伦理》、陈六汀 2001 年发表于《装饰》第 1 期的《环境伦理：环境艺术设计新视角》、赵江洪 2003 年发表于《美术观察》第 6 期的《设计的生命底线——设计伦理》等文章已开始在产品设计、环境设计等范畴思考设计的责任意识和生态环保问题。《美术观察》和《装饰》杂志也先后于 2003 年和 2007 年对设计伦理问题展开了专项研讨，其中杭间、张夫也、李砚祖、鲁晓波、赵江洪、郑也夫、陈六汀等一批专家和学者都撰文予以回应，并发表了自己的见解和主张。而郭廉夫、毛延亨 2008 年编著出版的《中国设计理论辑要》一书系统地梳理了中国传统社会中与设计相关的古代文献。尽管其中并未明确提及设计伦理的概念，且该书侧重的是资料整理工作，但它却无疑已站在道德立场对传统社会的设计面貌予以一定程度的述评，为古代设计伦理的研究奠定了前期的基础。

值得一提的是，《装饰》杂志社和浙江工商大学艺术学院于 2007 年在杭州联合主办了一次与设计伦理有关的学术会议——2007 全国设计伦理教育论坛。此次论坛不仅围绕设计伦理的内涵、设计伦理与职业道德、不同文化背景下的设计伦理和设计伦理教育问题四个议题展开讨论，而且发表了堪称中国当代设计界在设计伦理研究领域中最为重要的纲领性文件——《杭州宣言——关于设计伦理反思的倡议》。尽管此份倡议略微有些理想化倾向，但并不影响其指引设计反思、设计伦理发展路向的里程碑意义。此后，相关学术探讨日益加深，涌现出一批中青年学者。其中，高兴于 2013 年出版的《设计伦理研究》、姜松荣于 2013 年出版的《设计的伦理原则》、周博于 2014 年出版的《现代设计伦理思想史》等著作都较具代表性。此外，还有赵迎欢于 2016 年出版的《设计伦理学：基于纳米制药技术设计的研究》一书，虽然研究对象不是艺术设计而是工程设计，主要是纳米制药技术设计，但其中一些方法论和普适性的学术观点依然值得艺术设计领域学习和参考。

中国设计界对设计伦理问题的探讨固然已初具成效，而且早期的理论著述在人们还只是将审美和功能的统一奉为设计唯一圭臬的时代里具有一定的创新性。然而前已述之，毕竟相关研究起步甚晚，在研究对象和方法方面往往向国外借鉴得较多，这也难免会或多或少地带有一些上文述及国外研究的局限性。除此之外，其实中国的相关研究还有着自身的短板。

第一，中国设计伦理的讨论越来越趋于门类化特征，而且多集中在产品设计、建筑与环境设计、平面设计领域，其他诸如服装设计、染织设计、动漫设计、工艺美术等相关方向的伦理研究总量居于少数。此处并不是要否定按专业方向性质的不同来讨论具体伦理问题的研究态势，而是强调设计作为一个整体的系统，应厘清伦理型设计的普遍原理和一般规律，有的放矢地针对设计方向的差异，探寻各自领域的伦理特点和实践路径，使共性研究寓于个性之中，二者齐头并进。否则，容易导致只见局部不见整体的现象，进而陷入低水平重复建设的误区。并且，即便是分门别类的研究，也不能只是局限在某几个领域，而应对所有的设计方向予以观照。

第二，近年来一些有关设计伦理的理论性文章出现了较多的"口号式"研究，即始终强调设计伦理的重要性和必要性，但对如何真正贯彻正确的设计伦理观，或者说如何在设计实践及教育中引入设计伦理观等问题避而不谈。虽然我们正处于设计伦理研究的初级阶段，但是对其重要性和必要性的考量不可或缺。然而只是一味呼吁设计伦理的意义和作用，忽视通过系统的道德分析和论证寻求具体的方法和途径，则极容易导致以精英主义姿态站在所谓"道德制高点"上振臂高呼式的说教，从而落入"华而不实"的窠臼。

第三，国内关于设计伦理的研究内容和对象方面也存在单一化和以偏概全的倾向。大凡谈及设计的伦理问题，往往最终归结为一点：责任。很多研究者甚至直接将设计的伦理和责任之间画上了等号。虽然责任确然是设计伦理乃至整个伦理学体系中重要的研究范畴。但除此之外，设计伦理还有很多需要探讨的方面，如设计的正、负道德价值，设计的利己与利他之辨，设计的自制与自由之辨，设计的平等，设计的义务、功利和权利，设计行为主体在道德驱使下的知、情、意、行等内容，目前在设计伦理的讨论范围内还较少被触及。

三、有关"设计关怀偏远地区人群"的研究

前已多次谈到设计领域对偏远地区人群及贫困问题的关注度不够，所以其相关研究成果自然也是屈指可数，故而在此将国内外研究现状并置一处予以述评。

现代设计脱胎于传统工艺美术这一论断在学界已基本达成共识，但仅从性质而言，现代设计与以往手工艺时代中传统造物艺术之间存在着很大的差异。其中较为重要的一点莫过于前者已经意识到具有艺术性的造物活动并不具有阶级性，因此这就要求它应在实践过程中不断扩大服务对象的范围。从近现代设计发端之日起，一些识见明敏的设计先驱就一直探索为普通民众服务的方式。他们对此所做出的贡献，因上文有所提及，这里不再赘述。显而易见，"普通民众"无可回避地包括了偏远地区相对贫困的群体。但从设计理论研究的整体情况来看，有关贫困问题的讨论与思考多体现为一些缀映在设计史、设计评论等研究中的只字片语，专项性的探讨乏善可陈。

自20世纪中叶以来，上述面貌略有改观。一些研究者试图从设计的技术层面讨论对第三世界贫困地区实施关怀的方法，或者通过介绍某些具体实践来呼吁相关的设计关怀。例如，英国"中级技术发展组"（Intermediate Technology Development Group，ITDG）创始人恩斯特·弗里德里希·舒马赫（Ernst Fritz Schumacher）就曾于1972年在《国际劳工评论》（*International Labour Review*）杂志刊登《"中级技术发展组"在非洲的工作》（"The Work of the Intermediate Technology Development Group in Africa"）一文，专门介绍该组织在非洲贫困地区开展一些设计关怀的实例，并提及该组织开展设计救助与服务的理念与原则。英国学者安加拉德·托马斯（Angharad Thomas）于2006年在《设计问题》（*Design Issues*）杂志上发表的《设计，贫困和可持续发展》（"Design Poverty and Sustainable Development"）一文，以令人信服

的案例为基础，中肯地提出了通过设计减少贫困现象的观念，同时也简要地描述了"中级技术发展组"为肯尼亚贫困人群提供设计救助的行为。

除此之外，国外有关设计对贫困群体或贫困地区实施关怀的实践，往往在一些与设计略有关联的诸如工程、交通、农业发展等其他领域中时有出现。譬如，伊恩·斯库恩斯（Ian Scoones）和约翰·汤普森（John Thompson）于 2009 年发表在《农业科学杂志》（*The Journal of Agricultural Science*）上的《农民首要回顾：基于农业研究和发展的革新》（"Farmer First Revisited：Innovation for Agricultural Research and Development"）一文，在农业技术领域谈及设计通过特殊技术开展扶贫的活动。普雷姆·萨迦·查普根（Prem Sagar Chapagain）和迦盖·K. 布萨尔（Jagat K. Bhusal）于 2013 年发表在《寒旱区科学》（*Sciences in Cold and Arid Regions*）杂志上的《尼泊尔上卡利甘达基盆地野马河谷用水制度改变和适应战略》（"Changing Water Regime and Adaptation Strategies in Upper Mustang Valley of Upper Kaligandaki Basin in Nepal"）一文，曾提到某些设计扶贫项目在技术使用过程中的一些统计数据及统计方法。杰夫·特纳（Jeff Turner）于 2013 年发表在《交通运输地理杂志》（*Journal of Transport Geography*）上的《亚洲的性别、路径和流动性》（"Gender，Roads and Mobility in Asia"）一文，概括性地介绍了英国"实际行动"（Practical Action）组织在亚洲以设计来改善贫困地区的交通状况等。

而当代中国设计界开始关涉偏远地区贫困问题的时间则大约在 20 世纪 90 年代以后。胡劲 1997 年在《理论与当代》杂志上发表短文《搞好贫困地区的形象设计》，简要地提出了一些可利用艺术设计手段展开扶贫的建议。

进入 21 世纪以来，设计领域在民生层面的探究日益频繁，这也逐渐使人们对边缘弱势群体的生计问题给予关注。《美术观察》杂志于 2004 年 8 月组织国内知名学者以"设计为人民服务"为主题展开讨论并最终达成设计应为广大平民服务的观点。吕品田 2009 年 9 月发表于《美术观察》杂志的《为民生而设计》一文不仅批评设计忽视农村民众，而且提出用设计改善农村民生的观点。《装饰》杂志亦于 2010 年 7 月特别策划"设计关怀"栏目，杭间在其中发表的《设计的民主精神》一文提出了设计的"民有"。这些研究虽然没有明确涉及偏远地区人群，但诚如前文所述，"普通民众"涵盖这些群体，因此必然也会在总体思路上对设计关怀偏远地区相对贫困群体的研究形成一定的借鉴。而明确谈及贫困群体的设计研究则有中国科学技术信息研究所武夷山在"中国科技情报网"刊登的《"设计扶贫"大有可为》一文，这应是国内首次出现"设计扶贫"一词的理论性文章，但其中讨论较多的是工程技术方面的内容。2010 年 7 月李云在《装饰》发表的《设计关怀·廉价》一文中则谈到了对"贫困的'半完成'建筑"[①]进行设计的观点。同年，李砚祖主编的《设计研究：为国家身份及民生的设计》一书收录了胡飞、董娴之、徐兴的论文《为城市低收入群体而设计——兼论设计的社会责任》，该文不仅明确呼吁为贫困群体设计的重要性，而且还对相关个案进行分析，是目前为数不多能将对贫困群体的设计关怀和伦理问题联系在一起的理论研究成果之一。2013 年，武汉理工大学柳芳的硕士学位论文《针对贫困群体的可持续型设计研究》则在一定程度上论述了设计与贫困的关系，并着眼于针对贫困群体实施可持续型设计实践的相关内容。

另有一批实践类研究成果，记录和分析了为贫困群体服务的设计项目或案例。如，陈必锋和欧阳红玉的论文《贫困历史老镇的商业步行街设计——以抚顺市新宾满族自治县上夹河镇商业步行街设计为例》，刘加平等的文章《西部生土民居建筑的再生设计研究——以云南永仁彝族扶贫搬迁示范房为例》，姚栋和苗壮的《新农村住宅的传承、转变与创新——映秀镇二台山安居房规划和建筑设计的探索和思考》，欧宁的《碧山共同体：如何创建自己的乌托邦》等。

总而言之，通过前文的阐释可以看出，无论中外，设计对贫困问题的研究及对贫困群体的关怀除了存在总量不够这一较为严重的缺憾外，还有着如下的问题。

首先，与设计伦理的联系度不够紧密，时常就事论事，间或有所涉及也

---

① 李云. 设计关怀·廉价[J]. 装饰，2010(7): 25.

缺乏系统研究，尤其缺乏在"元伦理学"视角下所展开的哲学思辨。

其次，将对偏远地区贫困群体的设计关怀片面地理解为仅是提供设计产品，而忽视了"授人以鱼不如授人以渔"式的设计帮扶或救助。

最后，个案研究相对居多，理论总结数量偏少，难以构建一般性的理论范式。某些案例不能被复制，示范性不强，且存在一定程度的理想化、概念化特征，在可行性上有待商榷。

第三节　本研究的意义

通过此前的文献综述不难看出，基于伦理视角的设计关怀在偏远地区相对贫困的群体周围长期"缺席"是有其必然原因的。而分析这些原因的目的，就是强调研究设计关怀偏远地区贫困群体的重要性和意义，并从中探寻研究的思路与方法。

一、设计"缺席"的主要原因分析

第一，所谓的"精英主义"作祟。

当今世界，设计为经济与文化发展的诉求所倚重已成不争的事实。但是，伴随着设计的社会价值异化，人们往往对其提高生活品质的期许越来越强烈，更加重视设计的优化价值，却忽视了它能从根本上改变生产与生活方式的独特属性。换句话说，较之一般民众而言，设计有时是锦上添花的实践活动，能使本还不错的生活变得更加美好。然而对于贫困群体而言，设计的介入可能就意味着一场改头换面式的"变革"，能使他们逐渐走出困顿的生存状态。只不过，设计行为主体更愿意关注品位的提升、功能的开发、产品的美化以及运营的利润，而不甘心、不屑或不相信那些在外观上看起来可能平平无奇，但却对贫困人群有着质变意义的设计方式。甚至在很长一段时间里，设计界对那些所谓出身低微的从业人员心存疑虑，认为他们没有接触过高端的设计形式便不可能有足够的眼界和技巧去创造美好的事物。就是这种莫名的优越和偏执，逐渐使得设计行为主体对贫困问题漠然忽视与麻木置之。

第二，"设计关怀"的视域尚不够宽广。

无可否认，随着近年来社会对设计伦理关注度的不断升温，"设计关怀"逐渐成为设计行为主体"心怀天下"的一个主要方向。除了对普通民众实施必要的关怀外，特殊群体、弱势群体与边缘群体等字眼也越来越多地被设计实践和理论研究所重视。然而，可能是囿于惯性，抑或是对这些人群不甚了解，设计领域里人们往往笼统地将他们概括为老、弱、病、残、孕，而忽视了与贫困相关的因素。此即是说，首先，从构成上看，贫困群体常被融入老、弱、病、残、孕这些群体之中进行讨论，并不是单独地被视为一种关怀对象而予以有针对性的考量。其次，从生存状态上看，虽然老、弱、病、残、孕的确需要被关怀，但因贫困导致的老、弱、病、残、孕，或因老、弱、病、残、孕而致贫的人群似乎更应得到正视，这显然没有被纳入设计的视野之中。最后，相关视域的狭窄还包括缺乏以伦理的视角切入关怀贫困群体的研究，这在前文多次述及，因而不再重复。

第三，贫困群体自身较少有与设计相关的诉求意识。

贫困的恶果之一便是它会时常泯灭贫困群体对文化及相关活动的主动诉求，而越是没有文化诉求意识，越有可能缺乏一定的能力和条件去追求平等和公正的机遇，从而越容易陷入更加贫困的恶性循环之中。毋庸置疑，设计是文化的重要组成部分之一，贫困群体对它的主动诉求亦是如此。长期以来，地理、经济、习俗、机制等一系列文化生态土壤的不丰厚令贫困群体无所谓甚至不知道自主接受设计或参与设计之于他们的好处和意义。所以，这也使得设计关怀贫困群体的实践活动显得并不那么轻而易举。

二、本研究的理论价值和意义

第一，为践行中国提出全面建成小康社会的理论提供较新的视角、思路与着力点。

中国自古便有"小康"一说，这便是"儒家理想中所谓比'大同'之世较低级的一种政教清明、人民安乐的社会局面"[①]。《礼记·礼运》载："此六君子者（即指禹、汤、文、武、成王、周公），未有不谨于礼者也。以著其义，以考其信，著有过，刑仁讲让，示民有常。如有不由此者，在势者去，众以为殃，是谓小康。"[②] 当今时代，"小康社会"已不只停留在理想层面，而是业已成为一个重要的目标并逐渐被提升至国家发展战略的高度。但是如何才能从真正意义上全面建成小康社会？或者说评价全面建成小康社会的标准是什么？由于经济与社会评价体系具有多元性和复杂性的特点，所以对这一问题并没有一个硬性的回答。然而不能否认，全面建成小康社会的评价方法和指标体系有其自身的重点，有学者指出，可从以下四方面来体现：

"一是评价方法要突出经济建设、政治建设、文化建设、社会建设和生态文明建设'五位一体'的总体布局，能够对代表经济、政治、文化、社会和生态文明的重要指标进行综合；二是突出以经济建设为中心，把经济发展放在第一位，为人民生活水平的提高、最基本的物质生活条件的改善以及进一步实现全方位、全面小康奠定基础；三是突出'以人为本'的社会发展理念，全面建成小康社会的出发点和最终落脚点是全体人民的小康。因此，小康社会必须体现人的全面发展，促进人的素质的全面提高和社会的全面进步；四是突出对自然资源和生态的保护，实现经济社会的可持续发展。"[③]

而在此之中，经济建设、人民生活水平的提高以及物质生活条件的改善显然是全面建成小康社会的重中之重。虽然其实现的方法多种多样，但设

---

① 《古代汉语词典》编写组. 古代汉语词典[M]. 北京：商务印书馆，2002: 1724.

② 戴圣. 礼记·礼运第九[M]. 崔高维，校点. 沈阳：辽宁教育出版社，2000: 75.

③ 王健，王立鹏. 全面建成小康社会的评价方法及指标体系[J]. 人民论坛学术前沿，2017(6): 79.

计无可置疑地是其中一种较为有效的举措。所以，研究立足贫困群体的设计行为，特别是为其提供设计方面的服务、扶助、培训等活动，有益于寻求某些脱贫致富、增加收入、改善生活、提高素质、建立自尊与自信的途径与模式，为经济、文化和社会建设的理论提供一定的实践线索。

第二，为社会力量介入乡村振兴的具体实践提供一定的参考和示范。

如前所述，乡村振兴之路不可能仅依靠政府的倡议和举措便能轻松达到，更多地还需要社会力量的介入，从而形成合力，协同创新，逐步实现。而在此过程中，各方力量亦要发挥自身优势，凸显其在乡村振兴中的特色，从而能有效地辐射其他力量的相关实践。毋庸置疑，设计力量无论在生态环境营造、乡风文明建设，还是农村弱势群体关爱等方面都能释放应有的潜能。尤其是设计关怀偏远地区贫困人群的伦理考量与实践探索不但能有效地规范设计行为主体自身的活动，形成有责任与担当的设计结果，保障乡村振兴的全域覆盖；而且还能在一定程度上为相对贫困的人群解决民生难题，甚至可以持续赋能相关人群，发挥其自身的创造力，激活自主创新意识，主动践行乡村振兴的战略，储备和完善智力支撑，从而使设计行为主体和贫困主体携手共绘在乡村地区也能"看见美丽中国"的宏伟图景。如此便能为乡村振兴提供有益的补充，为其他行业或领域在振兴路径、职业道德、赋能创新、关怀扶持等方面提供有益的参考。

第三，为中国大力推进生态文化的发展和生态文明建设的理论提供有益的支持。

早在20世纪70年代，著名的"罗马俱乐部"（Club of Rome）研究团体就曾发表过一份围绕"人类困境"展开的科学研究报告——《增长的极限》（"Limits to Growth"），其宗旨就是为人们客观地呈现人类所面临的生态问题。所谓"人类困境"简单来说就是"人类缺乏对自然界其他物种的生存意识、自我调节机制、生态平衡危机的认识"[①]。这份报告为人类自身发展与自然生态平衡的关系敲响了警钟。1972年6月，瑞典斯德哥尔摩召

---

① 周丰. 人的行为选择与生态伦理[M]. 西安：陕西人民出版社，2007: 46.

开了"联合国人类环境会议"（The United Nations Conference on the Human Environment），为人类和国际环境保护事业树立起第一块里程碑。此后，各国都愈加意识到生态保护是一个影响经济、政治、文化的重大全局性问题，中国也概莫能外。目前，在整个人类社会从工业文明向生态文明过渡的语境下，生态文化、生态文明建设等一系列关乎人类发展、社会进步及子孙万代福祉的命题一再得到中国政府的高度重视，并被纳入国家发展的战略之中。一方面，设计作为与自然、社会、人类密不可分的实践活动，其行为展开的过程就必然要考虑自然、物、人三者的伦理关系。事实证明，大凡优秀的设计，其设计行为主体往往都能以广阔的人文视野和博大的胸襟对人类社会的可持续发展负起责任，因其本身就是生态文化的重要组成部分；另一方面，针对贫困群体的设计往往要考虑成本和民众接受度等问题，因而异常重视对现有和废旧生活、生产资料的利用和改造，尊重自然和社会规律，提倡集约高效、低碳环保、可持续性和适应型的创新设计。关怀贫困群体的设计方法和成果还会在一定程度上为全人类在处理人与自然的关系方面提供有益借鉴。可见，无论从主观还是客观出发，设计及其关怀活动的过程显然都能推动生态文化与生态文明的发展。

第四，有利于丰富和完善中国设计伦理的研究内容和体系。

由于经济发展的要求、思想解放运动的促进、科学研究方法的发展、政策法律的保护等，西方自文艺复兴以后的科学思想和学术研究确实取得了引人瞩目的成就，也因此对中国近代以来一些新兴的学科及学术思想产生了深远的影响。正如前文提及，中国的设计伦理也对西方的相关内容及成果借鉴良多。然而时至今日，中国的发展其实并未达到完全成熟的程度，诸多观念和内容也还只是在摸索阶段。特别是在设计伦理视角下对贫困问题以及对贫困人群的研究更是较为稀少。而作为发展中国家的中国，贫困现象不容乐观，这可能是西方发达国家所不易关注的方面。所以，如若不立足本国的实际情况而一味跟风的话，具有中国特色的设计伦理研究体系很难构建。本书将从理论上确证设计关怀贫困群体的道德价值，确立"善"的道德规范、评价标准，分析相关主体的义务与责任，阐释具有伦理特征的行为原则，思考如何践行"善"的伦理观等问题，这或许可以通过新的视角对中国本土的设计伦理研究形成有益的补充。

第五，为中国设计批评提供某些相关的理论支持。

一般来说，设计批评通常是指对设计实践、行为、成果等在属性、品质、功能、形式、效益和道德等层面进行的理论判断和评价。也有专家认为："设计批评着重于从文化背景、伦理道德、社会影响等方面评价具体的设计作品。"[1] 但无论哪种理解，很显然它已经成为当代公众舆论对现代设计进行矫正的监督机制。而其中，道德评价是设计批评的重要维度和基础之一。此即是说，一旦缺乏设计伦理的基元给养，设计批评也就很可能在较大程度上失去客观的评判方法和标准，甚至沦为一种主观的任意判断，丧失一定的公平与正义原则，进而难以有效地指导设计的良性发展。本书运用伦理学的方法，立足道德价值对设计关怀贫困群体的行为给予分析、评价，突破以往设计批评就事论事、见物不见人的传统窠臼，着眼于设计行为主体行为活动的过程以及意义，对建立真、善、美的设计途径和方法予以探赜索隐，并总结相关规律与原理，从而能在一定程度上为今后的相关设计行为提供批判的线索、标准以及方式。因此设计伦理研究的精进，有利于通过确立"善"的行为准则来完善设计批评体系的构建。

此外，本书除了上述所具有的理论意义外，还在实践方面体现一定的价值，尤其是对贫困群体本身而言，具体内容如下。

第一，有利于通过设计切实使偏远地区人群在衣食住行用或经济收入等民生方面获得相对于基本水平的满足。

"民生"二字最早可见于《左传·宣公十二年》中"民生在勤，勤则不匮"[2]的记载。很显然，"民生"一词从一出现就带有民本思想和人文关怀的意蕴，自古至今都是治国安邦所必先重视的领域。而设计因自身的创造性、功用

---

① 张犇. 设计文化视野下的设计批评研究[M]. 南京：江苏美术出版社，2014: 2.
② 左丘明. 左传[M]. 杜预，注. 上海：上海古籍出版社，2016: 362.

性及对生产生活的推动性，其之于改善民生的重要意义已毋庸置疑。"设计关怀偏远地区人群"的行为活动首要任务便是要使相对贫困群体拥有更为丰富的物质文化生活。无论是直接提供设计产品抑或是通过"授人以渔"的方式帮扶贫困群体，都能在不同的层面给予他们生活上一定的便利，并真正使其享有现代设计造物所带来的实用与审美相交融的成果，推动其物质生活及经济的发展。当然，仅凭设计产品本身不太可能从本质上摆脱贫困，但却可以在一定程度上提升贫困群体的日常生活品质，使之逐渐达到其他非贫困民众的基本生活水平。而更为重要的是人的基本权利"来自人的尊严和固有价值"[①]，设计作为一种手段为处在社会边缘、生活清贫的人们争取和他人同等享有的生存权。换言之，它能为贫困民众创造有尊严的生活。

第二，有助于潜移默化地改变偏远地区人群生产与生活方式的旧有面貌，并倡导积极健康的新理念。

相对贫困直接束缚着偏远地区人群对生产与生活方式的创新与改造，而越是不能更新则越易陷入更为贫困的境地。但是设计的介入将有助于打破这样的"死链"，以全新的方法和观念孕化更有价值的生产与生活。历史无数次地证明，人们生活、生产及习俗的更易常常伴有设计的变迁，从中国传统社会低矮型家具向高型家具的渐次演进中便可见一斑。而现今的设计领域更是沿着自身求新、求变、求异的方向不断发展，这势必会在一定程度上为贫困民众提供改良或创新的设计成果，并逐步形成革故鼎新的思想观念及行为习惯。与此同时，设计可以为偏远地区民众引入时尚的审美观念，提高他们的素质修养，弘扬设计文化，并带动和激发他们创新、创造、创业的主观能动性和热情，培养他们摆脱贫困的能力。

第三，"设计关怀偏远地区人群"的过程对设计自身也大有裨益，能为设计实践提出新的课题，是激励设计巧思和创新的源泉。

"设计关怀偏远地区人群"并非一个单向的过程，此即是说它不仅能使相对贫困群体获益，而且能从另一个角度促进设计本身的发展。与贫困民众

---

① 孙平华.《世界人权宣言》研究[M]. 北京：北京大学出版社，2012: 4.

息息相关的自然环境改造、行为方式引导、责任意识建立等一系列问题为设计理论与实践两方面提出全新的探索路径。而解决难题也是拓展新领域、新空间的历程。在提供服务的同时，设计自身也获得了一定的市场，得到了有益的启发。就像如何利用当地现有的资源、材料和条件为贫困民众设计出更实用、耐用、美观和环保的产品，无疑是摆在设计行为主体面前的一道难题。但与此同时，思索应对的办法并付诸实践也是一种倡导和推行低碳、绿色、可持续型设计的契机。再比如，为推广和宣传偏远地区的特产及手工艺品而提供的如海报、包装、网站设计等方面的服务，既对设计的能力和责任提出了要求，又使设计可同时借鉴和学习原生态艺术的形制、色彩、纹饰、装饰母题等构成风格样式的元素或表现手法，进而孕育更加本土化和大众化的设计产品。

CHAPTER 2

第二章

贫困及设计伦理的理论检视

贫困与人类历史的发展如影随形，甚至可以追溯至人类社会产生之日。但是作为一种长期的社会现象，"贫困"的概念却犹如披着一层神秘的面纱，显得含混不清，着实让各类专家大伤脑筋。但这也恰巧说明，对它的阐释难以仅从单一的认知角度去考察。"贫困"概念的不确定性使其与哲学、经济学、社会学、政治学等多种学科存在着千丝万缕的联系，并且伴随着社会的发展以及观念的更易而不断变化。至于设计伦理的出现，通过前文的阐述不难发现，它应该是人类社会在工业革命以后对造物行为及造物体系不断反思的必然结果。但总的来说，其理论发展现状只能算作差强人意，亟须完善和精进。特别是，设计伦理的概念至今仍似是而非，学界对它的界定也往往莫衷一是，这就需要本书在一定程度上对其略加廓清。与此同时，以相关概念的阐释为切入点，本书进而在贫困及设计伦理范畴内对一些相互关系进行梳理，以便为后续深入的理论研究做一铺垫。

第一节　"贫困"与"反贫困"概念阐释

　　孔子云："名不正则言不顺，言不顺则事不成。"[①] 只有明确相关概念，才能在一定的理论框架下展开有效的讨论，但这对于概念如此复杂的"贫困"

---

① 论语[M]. 邓启铜，注释. 南京：东南大学出版社，2015: 154.

而言则非易事。好在长期以来，各领域的专家学者都对此有所精研，且相关成果不胜枚举。但本书从整体角度来说毕竟不是对"贫困"本体的探索，而是设计伦理视角的相关考察，故对"贫困"概念的推敲与相关理论的分析便暂且借助各家之言来综合考量。

一、"贫困"的概念

"贫""困"二字古已有之。若以字面训诂，早在《说文解字》中就曾载，"贫"即"财分少也。从贝从分，分亦声。符巾切"[①]；"困"则"故庐也。从木在口中。苦闷切"[②]。《古代汉语词典》对"贫"作如是解："1.穷，缺乏财物。2.不足，缺乏"[③]；而"困"则是："1.被围困。2.艰难，窘迫。3.疲乏，疲倦。4.尽，极。5.贫乏，贫困。6.门槛。后作'梱'。7.六十四卦之一，卦形为坎下兑上"[④]。足见此二字在古时社会中便不曾与幸福、完满等意义相关联。而从现代汉语的词意构成来看，"贫""困"二字的复合使用则有"生活困难；贫穷"[⑤]之意。也有学者对此解释为"钱财匮乏，生活困苦"[⑥]。在英文中，与"贫困"对应的词是"poverty"，它在《新英汉词典》中的解释是"1.贫穷；贫困。2.缺乏；不足。3.（土地）贫瘠。4.虚弱"[⑦]。因此，无论中西，"贫困"（poverty）从语义学的角度可以看出都表征着一种匮乏、困顿、窘迫的生活或生存状态。

然而，在传统社会中，"贫困"往往被视为一种社会的自然现象，甚至古代中国的文人士大夫们还曾有着对"清贫"或"安贫乐道"等价值观的守望。而当时的社会意识也通常将贫困的成因怪罪于社会个体的"命运"不济，

---

① 许慎.说文解字：卷六下[M].徐铉，校注.北京：中华书局，1985：205.
② 许慎.说文解字：卷六下[M].徐铉，校注.北京：中华书局，1985：203.
③ 《古代汉语词典》编写组.古代汉语词典（大字本）[M].北京：商务印书馆，2002：1164.
④ 《古代汉语词典》编写组.古代汉语词典（大字本）[M].北京：商务印书馆，2002：921.
⑤ 中国社会科学院语言研究所词典编辑室.现代汉语词典[M].北京：商务印书馆，2016：1003.
⑥ 谭诗斌.现代贫困学导论[M].武汉：湖北人民出版社，2012：12.
⑦ 马德高，张晓博.精选新英汉词典[M].北京：世界图书出版公司，2000：589.

西方世界亦是如此。例如，19世纪初，英国就有一位调查贫困的官员如是说："贫困是社会发展必需的、不可或缺的一大要素。没有它，社会就无法在文明状态中生存。贫困是个人运气不佳所致——它是财富的源泉，因为没有贫困就没有人愿意去劳动，对于那些富有者来说，也就没有金银财宝，没有精致物品，没有舒适生活，什么益处都没有——这是因为，若没有相当一部分人处于贫困状态，那些游手好闲者就不可能为争取美好生活而努力工作……因此，罪恶之源不在于贫困，而在于懒惰。"① 这样的价值认识显然使得当时整个人类社会都对贫困现象关注不够。虽然在15、16世纪，已然有一些与贫困相关的文献资料出现，特别是16世纪一些信奉空想社会主义的学者就曾聚焦贫困，指摘资本主义社会发展的弊端，但就总量而言这些研究还只不过是杯水车薪。之后，马克思主义理论也曾直言造成无产阶级贫困的根源便是资本主义制度。恩格斯认为："在现今社会中造成一切贫困和商业危机的大工业的那种特性，在另一种社会组织中正是消灭这种贫困和这些灾难性的波动的因素。"② 这就完全令人信服地证明：（1）从现在起，可以把所有这些弊病完全归咎于已经不适应当前情况的社会制度；（2）通过建立新的社会制度来彻底铲除这些弊病的手段已经具备。

而目前学界一般普遍认为，较为系统、专项的贫困研究应该始于100年前英国学者查尔斯·詹姆斯·布斯（Charles James Booth）和本杰明·赛博姆·朗特里（Benjamin Seebohm Rowntree）。前者曾在1889—1897年里先后出版了三版九卷的《伦敦人民的生活和劳动》（*Life and Labour of the People in London*）一书，它介绍了19世纪末伦敦工人阶级的生活和职业。作者曾专门逐条街巷地考察调研伦敦民众的生活，并在书中绘制了"贫困地图"（maps describing poverty）。而后者则曾撰写过最早深入研究贫困问题的知名专著《贫困，城镇生活研究》（*Poverty，A Study of Town Life*），并定义了至今仍不失为经典的贫困概念："家庭的总收入不足以获得维持体能所需的最

① 樊怀玉，郭志仪，等.贫困论——贫困与反贫困的理论与实践[M].北京：民族出版社，2002：41.
② 高放，高哲，张书杰.马克思恩格斯要论精选[M].增订本.北京：中央编译出版社，2016：523.

低数量的生活必需品的状态。"[1] 英国学者彼得·汤森（Peter Townsend）也认为，"所有居民中的个人，家庭和群体，在他们所在的社会中，一旦缺乏资源去获得习俗意义上，或至少社会上广泛承认和认可的各种食物、参加社会活动和最起码的生活条件与设施时，就是所谓的贫困"[2]。

在他们之后，有很多知名学者都对"贫困"下过定义。例如，塞缪尔·乔治·史密斯（Samuel George Smith）认为："贫困可被定义为生活必需品的缺乏。"[3] 西奥多·威廉·舒尔茨（Theodore William Schultz）则说："贫困是作为某一特定社会中特定家庭的特征的一个复杂的社会经济状态"[4] "现在仍然存在的绝大部分贫穷是大量的经济不平衡之结果"[5]。欧共体委员会认为："贫困是指在一定环境（包括政治、经济、社会、文化、自然等）条件下，人们在长时期内无法获得足够的劳动收入来维持一种生理上需求的、社会文化可接受的和社会公认的基本生活水准的状态。"[6] 1980 年世界银行对"贫困"的定义是："当某些人或者某些家庭或者某些群体没有足够的资源去获得他们那个社会承认的，一般都能够享受到的饮食、生活条件、舒适和参与某些活动的机会，就是处于贫困状态。"[7] 中国国家统计局对它的定义为："贫困一般是指物质生活困难，即一个人或一个家庭的生活水平达不到一种社会可接受的最低标准。"[8]

通过上文的阐述不难发现，无论是像朗特里这样早期研究贫困问题的学者还是后来如舒尔茨这样的诺贝尔经济学奖得主乃至当代众多的权威研究机构都将"贫困"界定在与人类"生命""生存"有关的基本范畴内，其出发点是人最原始的生理需求，且大体多以收入或者财富的享有度来作为评判"贫

---

[1] Rowntree B S. Poverty: A Study of Town Life[M]. 3rd ed. New York: The Macmillan Company, 1902: 10.

[2] Townsend P. Poverty in the United Kingdom: A Survey of Household Resources and Standards of Living[M]. Harmondsworth: Penguin Books, 1979: 31.

[3] Smith S G. Social Pathology[M]. New York: The Macmillan Company, 1912: 41.

[4] 樊怀玉，郭志仪，等.贫困论——贫困与反贫困的理论与实践[M]. 北京：民族出版社，2002: 43.

[5] 樊怀玉，郭志仪，等.贫困论——贫困与反贫困的理论与实践[M]. 北京：民族出版社，2002: 43.

[6] 徐旭初，吴彬.贫困中的合作: 贫困地区农村合作组织发展研究[M]. 杭州：浙江大学出版社，2016: 23.

[7] 徐旭初，吴彬.贫困中的合作: 贫困地区农村合作组织发展研究[M]. 杭州：浙江大学出版社，2016: 23.

[8] 国家统计局《中国城镇居民贫困问题研究》课题组. 中国城镇居民贫困问题研究[J]. 统计研究，1991(6):12.

困"与否的重要指标，这显然是基于经济学的视角。而这种对"贫困"的理解也长期以来成为理论研究及政府实施扶贫或救助战略的主要依据，有学者称其为"缺乏说"①。除此之外，越来越多的研究者主张，对"贫困"的诠释，更应将除物质以外的社会、精神与文化的指标纳入考量体系之中，如精神匮乏、文化缺失、教育缺少等等。但就总体而言，这些都属于"缺乏说"范畴。此即是说，"缺乏说"已从单纯的物质范畴拓展到了其他领域之中，因此显得无所不包。

然而，倘若"贫困"真的就只是对各种因素"缺乏"的话，学界便不至于大费周章地去对其概念反复斟酌了。经济学家萨缪尔森也曾坦言："'贫困'一词对不同的人意味着不同的事情。"② 事实上，上述有关"贫困"的定义只不过是对"贫困"概念界定理论中的一种方式，而且聚焦的主要是社会客观存在的现象，对于个人、家庭和群体致贫原因的探讨并不是十全十美。于是，在有关"贫困"概念的研究中又出现了诸如"能力说""地位说""排斥说"等各类视角。例如，世界银行在《1990 年世界发展报告：贫困》（*World Development Report 1990: Poverty*）中说："本报告为'贫困'下的定义是：缺少达到最低生活水平的能力。"③ 其后《2000/2001 年世界发展报告：与贫困作斗争》（*World Development Report 2000/2001: Attacking Poverty*）中还对"贫困"的描述中添加了"脆弱性"的特征，并强调："脆弱性是指一个家庭和一个人在一段时间内将要经受的收入和健康贫困的风险。脆弱性还意味着面临许多风险（暴力、犯罪、自然灾害和被迫失学等）的可能性。"④ 这些是从贫困个人、家庭和群体自身内涵的角度出发去解读贫困的。再如，有的学者从"地位"角度审视"贫困"的概念时认为："贫困是经济、政治、社会和符号的等级格局的一部分，穷人就处在这格局的底部。贫困状态在人口中持续的时

---

① 唐钧. 社会政策的基本目标:从克服贫困到消除社会排斥[J]. 江苏社会科学, 2002(5): 42.
② 萨缪尔森, 诺德豪斯. 经济学[M].第14版（上）. 胡代光, 等译. 北京: 北京经济学院出版社, 1996: 658.
③ 世界银行. 1990年世界发展报告[R]. 北京: 中国财政经济出版社, 1990: 26.
④ 《2000/2001年世界发展报告》编写组. 2000/2001年世界发展报告: 与贫困作斗争[R]. 北京: 中国财政经济出版社, 2001: 19.

间越长，这种格局就越稳定。"① 此外，还有立足社会分层和社会群体从被剥夺或被排斥角度阐释"贫困"概念的理论。如欧共体委员会认为："贫困应该被理解为个人、家庭和人的群体的资源（物质的、文化的和社会的）如此有限，以致他们被排除在他们所在的成员国的可以接受的最低限度的生活方式之外。"② 而世界银行在《2000/2001年世界发展报告：与贫困作斗争》中则说得更为直接："贫困是指福利被剥夺的状态。但福利被剥夺的真正含义是什么呢？……贫困就是缺衣少食，没有住房，生病时得不到治疗，不识字而又得不到教育。但对穷人来说，生活于贫困之中远远不止这些内容。穷人面临他们所不能控制的不利事件时尤其软弱无力，他们往往……没有发言权，没有影响力。"③

总之，对"贫困"的解析随着社会的发展以及人们研究的深入而愈发多元化，虽然众说纷纭，但从中也不难看出一些共性特征："贫困"是社会上普遍公认的一种对"最低""最起码"生活水平的评价，它历来与"困苦""窘迫""落后"等这些生活状态相关联，且已不只是囿于经济与物质上的匮乏而难以维系生存的境遇（尽管这是"贫困"最基础的层面）。在大多数情况下，它因贫困个人、家庭和群体缺乏必要的手段、能力和机会，而导致其在诸如政治、社会、文化、物质与精神等领域的资源、权利缺乏或被剥夺以及没有地位。而本书所涉及的"贫困群体"也就是指在此类描述下从事生产与生活的民众。虽然他们每个人的生活状况不尽相同，但或多或少也具有一些相似的特点，如长期受到诸如环境恶劣、资源匮乏、地域偏远、交通闭塞、经济不兴、文化落后、教育缺失、身心不健、家庭变故、能力不济等因素的影响和制约，或者具有"收入较少、消费能力低、恩格尔指数较高、生活质量差、个人与家庭抗经济与社会风险能力差、社会保障不足、生活环境差、个

---

① 李余，蒋永穆. 中国连片特困地区扶贫开发机制研究[M]. 北京：经济管理出版社，2016: 27.
② 胡邦永，罗甫章. 贫困地区教育均衡发展研究[M]. 成都：西南交通大学出版社，2016: 95.
③ 《2000/2001年世界发展报告》编写组. 2000/2001年世界发展报告：与贫困作斗争[R]. 北京：中国财政经济出版社，2001: 15.

人安全感和教科文卫和艺术的投入与享有都严重不足"①等特征。

二、"反贫困"的概念

针对贫困问题，国际上提出了"反贫困"（anti-poverty）的概念。20世纪70年代，诺贝尔经济学奖得主、瑞典学派和新制度学派以及发展经济学的主要代表人物之一冈纳·缪尔达尔（Karl Gunnar Myrdal）最早提出"反贫困"一说。1970年，其《世界贫困的挑战》（*The Challenge of World Poverty*）一书的副标题"世界反贫困大纲"（"A World Anti-Poverty Program in Outline"）中出现了该词，他认为："本书的副标题听起来或许很狂妄。在任何情况下都应强调不定冠词'A'（一项）。我完全明白这样的事实，即在后文讨论的问题上没有任何一致的意见。为使读者记住这一点，我经常以第一人称来表述我对于事实和政策的意见。"②足见，缪尔达尔之所以提出"反贫困"的概念是从寻求解决贫困问题的方法和手段角度出发的考量。此后，"反贫困"这一术语便成为政治学、经济学、社会学、伦理学等各学科延续至今的用法。

"从研究内容上看，贫困与反贫困是一个问题的两个方面，反贫困理论研究离不开对贫困内涵以及致贫原因的讨论。因此，广义的反贫困理论包括了对贫困内涵、致贫原因以及消除贫困途径等方面的探讨。"③一般而言，反贫困的含义有以下几种表述：一是poverty reduction，减少贫困人口数量或发生因素；二是poverty alleviation，减轻、缓和贫困的手段；三是support poverty，对贫困人群的扶助支持（通常称为"扶贫"）；四是poverty eradication，消除贫困。在此需要强调的是，第四种表述虽然是人类共同的理想和奋斗的目标，但当前人类社会想要完全彻底地根除贫困，在现时尚不具备可能性。④

① 柳芳. 针对贫困群体的可持续型设计研究[D]. 武汉：武汉理工大学，2013：12.
② 冈纳·缪尔达尔. 世界贫困的挑战——世界反贫困大纲[M]. 顾朝阳，张海红，高晓宇，等译. 北京：北京经济学院出版社，1994：7.
③ 黄承伟，刘欣，周晶. 鉴往知来：十八世纪以来国际贫困与反贫困理论评述[M]. 南宁：广西人民出版社，2017：5.
④ 王俊文. 当代中国农村贫困与反贫困问题研究[M]. 长沙：湖南师范大学出版社，2010：40.

无论是减少、缓解还是消除贫困，都反映出人们对"反贫困"的不同认识，这实际上也从一个侧面表达出人类社会对摆脱乃至消除贫困的迫切愿望以及渐进过程。自 18 世纪至今，贫困研究领域就大致经历了从对贫困的认识，到对贫困的解释，再到对贫困的治理这一逻辑走向。贫困与反贫困的理论研究也渐次从经济学领域向整个社会学领域不断拓展。"新中国成立以后，政府将贫困问题的解决视为社会主义国家的责任，并出台了一系列扶贫开发措施，推动了以减贫为主题的理论研究和探索。"① 与此同时，有学者立足中国国情与特色，将"反贫困"的内涵从以下三个方面进行了归纳：

（1）从制度化、规范化的角度，保障贫困人口的基本生活水平，使其能够生存下去，在中国就是建立和完善一个规范运作的贫困居民最低生活保障制度，这是反贫困的起码底线。

（2）从体制和政策上，缩小贫富差距，促进收入分配的公平性，减少贫困人口在转型期遭遇的社会剥夺性，谋求经济社会稳定、和谐与持续发展。

（3）提高贫困人口的生存与发展能力，矫正对贫困人口的社会排斥或社会歧视，保证其就业、迁徙、居住、医疗和受教育等应有的权利，维护贫困者的人格尊严，促进贫困阶层融入主流社会，避免他们的疏离化、边缘化，充分弘扬反贫困的人文关怀精神。②

由此我们不难看出，"反贫困"的目标是消除贫困，最终目的则是让人获得全面和自由的发展。而后者显然具有一定的伦理意蕴和道德价值，它反映出人类社会利益共同体的道德追求和道德目的。诸多"反贫困"的论题直指贫困群体权利及能力被剥夺的现象，以及探讨"分配正义"等问题，甚至在经济领域里强调平等、民主、自由。从这个意义上而言，"反贫困"与设计伦理的最终目的基本一致，都是给整个人类社会创造出更幸福与美好的生活，这也是在道德维度上能将二者相"链接"的最主要原因。而"设计关怀偏远地区人群"就是在这样的理论框架下形成的理论与实践研究，是在实际

---

① 黄承伟, 刘欣, 周晶. 鉴往知来：十八世纪以来国际贫困与反贫困理论评述[M]. 南宁：广西人民出版社, 2017: 10.
② 王朝明. 中国转型期城镇反贫困理论与实践研究[D]. 成都：西南财经大学, 2004: 16-17.

生活领域用设计来诠释正义与人权的一种方式，是对"反贫困"思想和设计伦理思想的具体践行。

第二节　"设计伦理"与"设计道德"辨析

当今社会愈发重视对物质体系进行道德层面的反思，设计也时常被人以缺乏人文关怀以及抱诚守真的精神相诟病。设计艺术虽然从产生之日起便与设计行为主体的道德规范关系密切，但对这一方面的研究起步甚晚。尤其中国的设计理论研究更是直到 21 世纪初期，才从真正意义上开始突破设计之"物"的局限，而逐渐放眼于设计行为主体的相关活动。"设计伦理"的提出使得设计领域在关注设计作为"物"的审美价值、实用价值以及经济价值之外，又发现了道德价值这一维度。诚如前文所言，"设计关怀偏远地区人群"的行为本身是具有一定道德价值的，而伦理学是"关于道德价值的科学"[①]。设计伦理也必然离不开"道德"二字，而"设计关怀偏远地区人群"又包含在设计伦理的研究范畴之内，更何况前已述及，"设计伦理"本身的概念目前尚未厘清，故在具体探讨"设计关怀偏远地区人群"的内容之前，有必要将"设计伦理"的概念加以阐释，而这则应先从设计与道德的关系入手。

一、设计与道德

"道"与"德"本是两个概念，如老子曰："道生之，德畜之，物形之，势成之。是以万物莫不尊道而贵德。道之尊，德之贵，夫莫之命而常自然。"[②]这里的"道"指的是自然与人类社会的秩序，"德"则是人世的德性、品行、

---

① 王海明. 新伦理学（上册）[M]. 北京：商务印书馆，2008：6.
② 李耳，庄周. 典藏文化经典：老子·庄子[M]. 北京：中国纺织出版社，2015：40.

王道等。《说文解字》中对"道"的解释是:"道所行道也。从辵,从旹。一达谓之道。"① 其本义为"道路",后来引申为规律和规则。《说文解字》对"德"的解释是:"升也。从彳惪声。多则切"②,其本义为"登",读言"得",引申为心得正直,或道德品质。"道德"二字连用始于荀子《劝学》篇:"礼者,法之大分,类之纲纪也,故学至乎礼而止矣。夫是之谓道德之极。"③ 在荀子看来,学"礼",并按照"礼"的要求去做,即为道德的最高境界。"道"相对而言是外在于人心的自然与社会规范,"德"则是内在于人心的行为规范。诚如《左传》所言:"凡君即位,卿出并聘,践修旧好,要结外援,好事邻国,以卫社稷,忠信卑让之道也。忠,德之正也;信,德之固也;卑让,德之基也。"④

伦理学认为,"道德"具有社会性,是"社会制定或认可的关于人们具有社会效用的行为应该而非必须如何的非权力规范;简言之,也就是具有社会效用的行为应该而非必须如何的规范,是具有社会效用的行为应该如何的非权力规范"⑤,而且它是需要每个人都遵守的社会契约。从"道德"的这个定义及其性质不难发现,人们之所以在设计与道德的关系范围内进行理论求索,也正是因为一方面设计的良性发展需要有优良道德价值的约束,这在上一章节已有所论述,故此不再赘言;另一方面也是社会的不断发展对设计领域提出的要求。任何社会均有一套核心价值体系,它是社会意识形态的总体反映,作用于政治、经济、文化、社会生活等领域,是人类社会得以正常运作的精神支柱。在人类的实践活动中,主客体的价值关系体现在三个方面:人与自然、人与社会、人与自身的关系。其中,人与社会的价值关系处于核心地位,因为无论是自然的人还是人本身,都是以一种社会关系而客观存在于人类社会之中,故而价值观所要解决的核心问题就是在实践基础上的人与社会的价值关系问题。⑥ 设计作为协调人与自然、人与社会、人与人的一种手

---

① 许慎.说文解字:卷二下[M].徐铉,校注.北京:中华书局,1985:55.

② 许慎.说文解字:卷二下[M].徐铉,校注.北京:中华书局,1985:56.

③ 荀况.荀子:卷第一[M].杨倞,注,耿芸,标校.上海:上海古籍出版社,2014:5.

④ 孔子,左丘明.春秋左转(上)[M].哈尔滨:北方文艺出版社,2016:175.

⑤ 王海明.新伦理学:上册[M].北京:商务印书馆,2008:335.

⑥ 吴向东.价值观的核心问题及其解答的前提批判[J].马克思主义与现实,2010(1):161-165.

段，其背后的主体显然也应遵循一定的社会价值规范来从事自己的活动。除了如知识产权法等以法律形式强制规范的内容确实需要遵循外，更多的还是源自对社会契约的遵守。事实上，自工业革命以来，伴随科学技术的日新月异、市场经济的繁荣昌盛、机械化大生产的普遍应用，人类社会以前所未有的迅猛态势持续发展。但几乎与此同时，能源枯竭、环境污染、人情淡漠、道德沦丧等自然和社会危机也成为所谓的现代"文明"社会的一大诟病。令人感到震惊和愤慨的是，由于对道德价值的漠视与违背，现代设计竟然有意无意地充当了这些问题的"推手"。以改造环境为名的设计在大肆破坏自然生态，以降低成本为计的设计在不断使用污染、非环保的材料，以提升生活品质为由的设计在持续使用高碳、非绿色的能源……而与此同时，设计行为主体在侃侃而谈如何拓展更多功能的产品、如何完善更优美的形式时，却对贫困、饥饿、战争、灾荒、残疾等社会问题视而不见。与手工业时代的传统设计明显不同，现代设计已经以前所未有的广度和深度渗透到人类社会的各个层面，并且强烈影响着人类当下和今后的生活方式和生存环境。因此，如何使设计活动在"功能"与"审美"的二维关系之外寻求为自然及人类社会的长足发展贡献更多真诚与善意的途径，便成为设计领域引入道德维度的逻辑起点。

因此，如前文所述，在近现代设计发端之际，人们就已然在道德范畴内开始了有关设计发展路向的讨论。英国"艺术与手工艺运动"的先行者莫里斯甚至认为，设计基本上是一种道德活动，设计者的态度必须通过其作品转移给受众群体，因此"理想越高，则设计的水准也越高"[①]。而卢斯的"装饰罪恶"论，更是以一种极端的姿态从设计道德的角度对于装饰尺度不当进行的批判。在现代设计运动的早期，对于设计道德的探讨更多地表现出对于追求艺术民主秩序的向往，倡导设计的平民化，这对于推动设计的发展，使设计意识深入人心意义重大。但在现代设计不断发展的过程中，"平民化""标准化"在一定程度上被放弃，取而代之的是强调设计师的个性风格和主观观念

---

① 黄专. 作为观念的艺术史[M]. 广州：岭南美术出版社，2014: 118.

的展现。而后现代主义设计的崛起，则伴随着针对现代主义设计道德观念的反拨、设计道德概念的重新界定和设计道德意识的再度强化。日本设计大师原研哉（Kenya Hara）就是这方面的代表，他非常强调和重视设计必须扎根于社会、服务于大众："设计基本上没有自我表现的动机，其落脚点更侧重于社会。解决社会上多数人共同面临的问题，是设计的本质。在问题解决过程——也是设计过程中的那种人类能够共同感受到的价值观或精神，以及由此引发的感动，这就是设计最有魅力的地方。"① 因此，关注设计的道德价值是打破设计追求纯粹工具理性的有效方式，也是为规范设计行为主体活动，使设计更具人文关怀，并在良性发展轨道上迈向自由王国的重要因素。

二、"设计伦理"界说及其与"设计道德"之辨

在很长一段时间里，人们几近将"设计伦理"与"设计道德"画等号，甚至大有将后者视为前者之全部的态势。这也导致大凡谈及"设计伦理"或涉及相关研究时，大家总是将视野聚焦于设计者的行为应当如何，或者说设计行为的规范，而忽视设计者的动机、意向、情绪、欲望等内容，或者说道德生活中的知、情、意、行，以及设计者与他人的关系等。然而，"伦理"与"道德"在概念范畴上还是有所差别的。因此，"设计伦理"也并不仅仅就是"设计道德"。

在西方，"伦理"与"伦理学"基本是一个含义，英文都是"ethics"，源于希腊文"ethos"（本质、人格、风俗、习惯）一词。②"道德"是"morality"，源于拉丁文"mos"，指"风俗、习惯以及品性、品德"。③ 从这个意义上看，西方"伦理"与"道德"的含义近乎相同，"都是指人们应当遵守的行为规范：它外化为风俗、习惯，而内化为品性、品德"④。

---

① 原研哉. 设计中的设计[M]. 朱锷，译. 济南：山东人民出版社，2006: 40.
② 王仕杰. "伦理"与"道德"辨析[J]. 伦理学研究，2007(6): 44.
③ 王海明. 新伦理学：上册[M]. 北京：商务印书馆，2008: 2.
④ 王海明. 新伦理学：上册[M]. 北京：商务印书馆，2008: 2.

但如若从中文词源着手，便不难发现"伦理""道德"二者在含义上的区别。《说文解字》将"伦"解释为，"辈也。从人仑声。一曰道也。田屯切"①，可见其本义为"辈"，是一种人与人之间的关系，或可被引申为"人际关系"。传统社会讲求"五伦"，即君臣、父子、长幼、夫妇、朋友。有学者称："伦谓人群相待相倚之生活关系，此伦之含义也。"②而"理"在《说文解字》中被释为："治玉也。从玉里声。良止切"③，其本义为"治玉"，段玉裁引申道："治玉也。战国策。郑人谓玉之未理者为璞。是理为剖析也。玉虽至坚，而治之得其理以成器不难，谓之理。凡天下一事一物，必推其情至于无憾而后即安。是之谓天理。是之谓善治"④，进而由剖析、整治之义再引申为规律或者规则，而这似乎又与上文所述"道"的含义相近，其实古圣先贤早已探讨过"道""理"之辩。譬如，《韩非子·解老》中说："道者，万物之所然也，万理之所稽也。理者，成物之文也；道者，万物之所以成也。故曰：'道，理之者也。'"⑤《朱子语类》曰："道是统名，理是细目。道训路，大概说人所共由之路。理各有条理界瓣……以各有条，谓之理；人所共由，谓之道。问：'道与理如何分？'曰：'道便是路，理是那文理。'问：'如木理相似？'曰：'是。'问：'如此却似一般？'曰：'道字包得大，理是道字里面许多理脉。'又曰：'道字宏大，理字精密。'"⑥朱子门人陈淳曰："道是就人所通行上立字，与理对说，则道字较宽，理字较实，理有确然不易底意。故万古通行者，道也；万古不易者，理也。"⑦段玉裁在注《说文解字》之"伦"时说："按粗言之曰道，精言之曰理。"⑧黄建中先生总结道："道谓溥遍之大法，理谓特殊之分理，析言则有别，浑言则不别也。"⑨

① 许慎.说文解字注：一篇上：玉部[M].段玉裁，注.上海：上海古籍出版社，1988：15.
② 黄建中.比较伦理学[M].济南：山东人民出版社，1998：21.
③ 许慎.说文解字注：一篇上：玉部[M].段玉裁，注.上海：上海古籍出版社，1988：15.
④ 许慎.说文解字注：一篇上：玉部[M].段玉裁，注.上海：上海古籍出版社，1988：15.
⑤ 韩非子[M].上海：上海古籍出版社，2015：173.
⑥ 黎靖德.朱子语类：卷第六：性理三[M].王兴贤，点校.北京：中华书局，1988：99.
⑦ 陈淳.北溪字义；附补遗严陵讲义[M].北京：中华书局，1985：40.
⑧ 许慎.说文解字注：八篇上：人部[M].段玉裁，注.上海：上海古籍出版社，1988：372.
⑨ 黄建中.比较伦理学[M].济南：山东人民出版社，1998：24.

故此，从单个字上理解，"道"比"理"大，"理"比"道"细。然而，倘若将"伦"与"理"连用，"道"再结合前文所说"德"的含义相看，便可以得出相关结论。

首先，"伦理"一词实是指与社会利害相关的人与人之间相互关系状态的规律及其应该如何的准则。例如，传统社会中父子、君臣、夫妇、兄弟、朋友等各自间存在着相应的关系，这是人与人之间的关系状态，即"伦"；而传统社会中的"父子有亲，君臣有义，夫妇有别，长幼有序，朋友有信"[①] 则是这种关系状态的相处准则，或者说是一种行为规范，即"伦"之"理"。换言之，伦理学中的"伦理"可被定义为，"具有社会效用的行为之事实如何的规律及其应该如何的规范"[②]，既包含人与人之间的关系状态，又包含面对这种状态所应该如何的行为准则。

其次，"道德"则是指自然与社会的规律被得到或者"得道"的状态。再具体说来，因为相对而言"道"是外在于个体的自然与社会规范，"德"是内在于个体的行为规范，所以"道""德"连用之义则指"应该如何的行为规范"[③]。显而易见，根据上文的分析，"道德"归根结底是"伦理"之"理"，而非"伦理"全部。也就是说，以传统社会为例，"道德"是指"父子有亲，君臣有义，夫妇有别，长幼有序，朋友有信"的这些准则。更细致一些地分析，与社会利害相关的"父子、君臣、夫妇、兄弟、朋友"之关系属于人际关系状态的规律，而"亲、义、别、序、信"才是"道德"。"如果用'A'代表'伦理'，用'B'代表'道德'，那么就有如下的关系式：A=B+C，'C'当然是指伦理当中除道德之外的另一部分，即'人际行为事实如何的规律'。这样，就把'道德'当成了'应然'，把'伦理'看作是'实然'与'应然'之和。换言之，伦理既包括实然，也包括应然，而道德仅仅是一种应然。"[④]

由此可见，"伦理"囊括"道德"，"道德"是"伦理"的一部分。从这个

---

① 孟子. 卷五：滕文公上[M]. 北京：中华书局，2007：111.
② 王海明. 新伦理学：上册[M]. 北京：商务印书馆，2008：2.
③ 王海明. 新伦理学：上册[M]. 北京：商务印书馆，2008：4.
④ 王仕杰. "伦理"与"道德"辨析[J]. 伦理学研究，2007(6)：43.

关系出发，"设计伦理"与"设计道德"的概念就显然有所不同。"设计伦理"是指在关乎社会效用的设计行为过程中人与人之间关系的自然与社会规律以及维系这种关系所应当遵从的行为准则。而"设计道德"则是关乎社会效用的设计行为过程中人们相互关系应该如何的规范。以中国传统社会为例，基于"礼制"等级观念的"设计"思想时常伴有与"设计伦理"或"设计道德"相关的内容。譬如，《礼记·礼器》云："礼有以多为贵者：天子七庙，诸侯五，大夫三，士一。天子之豆二十有六，诸公十有六，诸侯十有二，上大夫八，下大夫六。……有以高为贵者：天子之堂九尺，诸侯七尺，大夫五尺，士三尺。天子诸侯台门。此以高为贵也。……礼有以文为贵者：天子龙衮，诸侯黼，大夫黻，士玄衣纁裳。天子之冕朱绿藻，十有二旒，诸侯九，上大夫七，下大夫五，士三。此以文为贵也。"[①] 此其中记载天子与诸侯、大夫、士等所使用的无论是宗庙、器物也好，还是建筑、服饰也罢，在数量、尺度、形制等方面都有着明确的设计规范，这实际是基于天子与朝臣间有着"礼"的规范，是他们所应遵从的准则，所以体现的是"设计道德"。但隐匿在这些设计规范之后的天子与诸侯、大夫、士之间的关系则是一种人伦现实，而这不是"设计道德"，但却属于"设计伦理"的范畴。再以现代设计为例，以往我们经常呼吁的"设计应着眼于自然生态的可持续性发展""设计应是负责任的""设计应关怀弱势群体"等，这些也只不过是"设计伦理"的"应然"部分，更准确一点说，它们是"设计道德"。

非但如是，"设计伦理"与"设计道德"的差异还体现在以下几个方面。

首先，二者研究的对象与内容相异。

"设计伦理"不仅要研究设计行为的规范过程，抑或说"设计道德"，还要研究制定设计道德的方法以及实现设计道德的途径等。而"设计道德"只是研究设计行为应该遵守的准则及规范。"设计伦理"的研究着眼于设计行为的价值，不仅有"道德价值"的内容，还包括与设计之物有关的诸如材料价值、工艺价值、使用价值、交换价值、品牌价值、审美价值等综合价值体

---

① 戴圣.礼记:礼器第十[M].崔高维,校点.沈阳:辽宁教育出版社,2000:81-82.

系。即便在研究与"设计道德"相关的"道德价值"时，也不是仅仅囿于对设计行为应该如何的考量，而是要通过伦理学的方法推导得出某一类设计行为应该如何（或善、正道德价值）及不应该如何（或恶、负道德价值）的价值论断。与此同时，还要根据伦理学对于道德总原则的分析以及对于社会治理的基本道德原则、最高道德原则、道德规则体系等分析，具体化设计行为的道德原则，并不断探索优良的设计道德实现的途径。而"设计道德"的研究则是在这些研究的基础上，具体讨论设计行为主体及其相关行为的道德评价，以及优良的设计道德实现的途径，而且是在"设计伦理"的研究已经廓清设计行为主体与行为客体之间相互关系的前提下。

其次，二者研究的视野和意义有别。

由前文的分析可以发现，"设计道德"只是设计行为主体依据社会利益共同体对设计活动提出的道德目标而应该遵循的规律。如若将整个设计界视为设计行为主体的话（即"我"），也就是说"设计道德"是"我"与"人"（即设计行为客体）之间关系的规范。而"设计伦理"则是偏重从设计的"人伦"角度审视设计行为活动的全部规律，因而关注优良设计道德方法的制定，设计道德终极目标的探赜，以及优良设计道德规范的实现。从二者之于设计行为及社会发展的意义而言，"设计道德"更多体现的是明确有利于设计自身及社会发展的设计行为规范及准则，总结出设计行为主体为符合当时社会利益共同体的道德目标所应具有的道德人格。而"设计伦理"则主要立足人与自然、人与社会、人与人的关系角度，确立并调节设计行为主体及客体的关系，以长远利益为重，发扬人性中的真、善、美，借助设计的方法来取得人、环境、资源等方面的平衡与协同，并通过与"道德"相关的研究，使设计行为达到"善"的状态，满足自然、社会与人对设计造物在道德层面的需求，所以后者更为综合、抽象，因而在研究视野上明显比前者要宽广。

而具体到"设计关怀偏远地区人群"的行为活动之上，如果只是以"设计道德"之视野进行研究的话，那只需谈及设计应该从哪些方面去关怀贫困群体，或者说具体的关怀原则即可。但既然是从"设计伦理"的视角切入，便不得不分析设计行为主体与设计行为客体的关系了。

第三节　两对关系的梳理

　　设计行为主体实际上是关系范畴，是具有自主性的设计活动者或设计活动的主动者，它是相对于设计行为客体而言的。一般而言，设计行为主体通常是人，可以是直接从事设计活动本身的设计师、设计团体或机构（或称为"设计主体"），亦可是从事与设计活动紧密相关的行为的人或集体，例如从事设计培训的主体等。而设计行为客体则比主体宽泛，它其实是设计活动者的活动对象，可以是自然环境或自然物（如树木、山川等）、设计产品（如瓷器、汽车等）（如图2-1、图2-2所示），可以是设计思潮或观念（如前文所述阿道夫·卢斯的"装饰罪恶"论等），抑或是与设计相关的社会生活（如中国传统社会低矮型家具向高型家具的演进对生活方式的改变等）（如图2-3、图2-4所示），当然也可以是人（如本书中的重点之一"贫困主体"）。故此，要想梳理与本研究相关的几对关系，势必先从设计行为主体与"贫困主体"入手。

图 2-1　[元] 青花玉壶春瓶　图 2-2　世界最早的汽油驱动三轮汽车"奔驰一号"（1886，

Patent-Motorwagen Nr.1）

图 2-3　战国朱绘黑漆凭几（低矮型家具）　　　　图 2-4　明代交椅（高坐具）

一、设计行为主体与偏远地区"贫困主体"

　　偏远地区"贫困主体"的涵盖面较广，包括偏远地区的贫困户、贫困村、贫困县等。而本书所谈及的"贫困主体"取其相对狭义和特指的部分，它的主要构成便是偏远地区相对贫困的人群。尽管也有着"主体"二字，但却是设计行为主体关怀贫困群体活动中的"客体"，两类主体在此过程中扮演着不同的角色，有着迥异的社会地位与作用，在伦理范畴的权利、义务或责任等方面的表现也不尽相同。二者并非只处在一个主动付出相关设计活动而另一个被动接受的简单关系状态中。

　　毋庸置疑，"权利"（right）与"义务"（obligation）属于伦理学范畴。伦理学将"权利"解释为，"权利是一种具有重大的社会效用的必须且应该的索取或要求；是一种具有重大的社会效用的必须且应该得到的利益；是一种具有重大的社会效用的必当得到的利益；因而也就是应该受到社会管理者依靠权力加以保护的利益、索取或要求；说到底，也就是应该受到政治和法律保障的利益、索取或要求"①；而对"义务"的解释是："指个人所意识到地对他人、集体和社会应尽的道德责任。旧译'本务'。源于拉丁文 debere，意为'负有''应尽'……人们对义务的认识和体验，在内心形成一定的义务观和义务感，就转变为履行一定义务的道德行为。社会关系的复杂性决定了义务的多样性。义务大致可分为对他人和对社会两大类：前者是对自己的家庭、亲属、同事、朋友等应尽的责任，后者是对祖国、民族、集体等应尽的责任。……实践义务不应以谋取某种相应的权利或报偿为前提，是人们基于对社会和他人利益的理解，并在内心信念的引导下自觉履行的责任。"② 王海明先生则这样认为："义务概念不过是颠倒过来的权利概念"③"义务与责任便是同一概念，都是应该受到社会管理者依靠权力和法律加以保障的服务、贡献或付出，都是不服从便会受到权力和法律惩罚的必须且应该服从的服务、付出或贡献。只不过，义务更强调应该、重在应该、应该重于必须，是应该且必须付出的利益；责任则强调必须、重在必须、必须重于应该，是必须且应该付出的利益"④。

鉴于此，无论是"义务"还是"责任"都是一种在政治、法律、道义上具有必须性，应该的、善的、道德的服务，且都与"权利"有关，是人际的一种相互关系。在此需要强调的是，基于"公正"这一社会治理的基本道德原则，不同人群的关系中，同一种利益既是某一人群的"权利"，但同时又是另一人群的"义务"。譬如，被雇佣者为雇佣者付出后者所需要的劳动时便有了获得报酬的权利；而雇佣者在获得被雇佣者付出的劳动时就有了支付被雇佣者报酬的义务。根据这种权利与义务的逻辑相关性，乔尔·范伯格（Joel Feinberg）如是说："一切义务都使其他人享有权利；一切权利都使其他人负有义务。"⑤ 而具体到设计行为主体与贫困主体的关系上，两类主体的"权利"

---

① 王海明. 新伦理学（中册）[M]. 北京：商务印书馆，2008: 815.

② 朱贻庭. 伦理学大辞典[M]. 上海：上海辞书出版社，2002: 36.

③ 王海明. 新伦理学（中册）[M]. 北京：商务印书馆，2008: 817.

④ 王海明. 新伦理学（中册）[M]. 北京：商务印书馆，2008: 817-818.

⑤ Beauchamp T L. Philosophical Ethics An Introduction to Moral Philosophy[M]. New York: McGraw-Hill, 1982: 202-204.

与"义务"或"责任"显然有所不同。

第一，偏远地区"贫困主体"有脱贫致富的权利，同时亦有主动摆脱贫困的义务或责任，这是一种生活和人生之义务。

在以往的社会生活和反贫困战略中，人们的目光多聚焦于贫困生活的窘迫境遇，故也多关注"贫困主体"应该获得的权利方面，而忽视其所应尽的义务与责任方面。而现今国家的反贫困及扶贫战略业已提出了"自主脱贫"的理念，这在很大程度上便要求"贫困主体"应该且必须充分发挥主观能动性，寻求各种办法，利用多方渠道，在政府及社会力量的帮扶下主动摆脱贫困，从"要我脱贫"向"我要脱贫"转变，而不是只会伸手"坐""等""要"。如前所述，义务与权利相对应，是颠倒过来的权利概念。偏远地区贫困民众有多少追求自身幸福生活的权利，这也就意味着有多少摆脱贫穷困苦的义务。只有贫困群体有了这种义务感，才能有利于自主脱贫，同时能满足社会利益共同体对摆脱（或缓解、减少）贫困、达到小康社会或富裕社会的道德要求，从而履行自己的义务。因此，他们在反贫困中占据重要地位，应形成强烈的自尊意识、责任意识及主动创新创业的意识，从而理性自觉、主动积极地寻求脱离贫困的内容与形式，其中就包括借助与设计有关的手段。但同时需要指出的是，在此过程中，应避免夸大贫困民众主观能动性的倾向，设计是否能切实有效地关怀贫困群体，并非单凭他们的主观意愿就能实现，设计行为主体的行为亦不容忽视。

第二，设计行为主体就政治与法律的角度来说并没有明确的义务或责任去消除贫困，但从社会公德和其自身对优良道德价值的追求角度看，却有关怀贫困主体的"不完全义务"。

伦理学研究认为，"义务"常被归为两类，即"法律义务"和"道德义务"。前者的履行往往受到国家或社会管理者明确的权力及法律的保障；而后者的履行则通常受到个人良心、社会风俗及社会舆论等方面的约束。因此前者被称为"完全义务"或"完全强制性义务"，后者被称为"不完全义务"或"不完全强制性义务"。但越来越多的研究者认为，即便在"道德义务"范畴内，亦有划分"完全义务"与"不完全义务"的可能性。此即是说，在履行"道德义务"时，会因受到约束力的不同或强弱，而形成一种"完全强制"和"不完全强制"的区分。例如，亚当·斯密在论及"正义"与"仁慈"之别时曾认为："仁慈总是自由随意的，无法强求，仅仅有欠仁慈，不致受罚，因为仅仅有欠仁慈，不至于实际做出绝对的坏事。它也许会使人们可以合理预期的好事落空，而因这缘故，它也许活该引来反感与不快；然而，它不可能挑起什么人们可以赞许的怨恨……然而，有另外一种美德，不是我们自己可以随意自由决定是否遵守，而是可以使用武力强求的，违反这种美德将遭到怨恨，因此受到惩罚。这种美德就是正义，违反正义就是伤害：它实际对特定某些人造成绝对的伤害，而且出于一些自然不会被赞许的动机。所以，它是怨恨的适当对象，也是惩罚的适当对象，因为惩罚是怨恨自然导致的结果。"[1] 显然，斯密所谈的"正义"便具有"完全强制"性，属于"完全义务"；而"仁慈"则具有"不完全强制"性，属于"不完全义务"。于是，有学者将"道德义务"范畴内的"完全义务"及"不完全义务"做了如下的区分："道德上的完全义务，是那些对人类社会的存续至关重要，对人具有道德上的强约束力和与一定的道德权利直接相关的道德义务；道德上的不完全义务，则是那些有助于提高人类社会生活质量，对人具有道德上的弱约束力和与道德权利并无直接关系的道德义务。"[2] 基于如是判断，将其映射在设计活动中便可看出，倘若设计活动对人类社会的存续产生了不良影响，那便说明设计行为主体没有履行其应有的义务或责任，例如设计行为主体使用了不可持续的能源或材料，并对自然环境造成了破坏等便属于此。而至于"设计关怀偏远地区贫困群体"，则如同仁慈、仁爱、慷慨等道德行为一样不受到强约束力的制约，它以"有助于提高人类社会生活质量"为宏旨，是一种出于设计行为主体对具有优良道德价值的设计行为之追求，以及诸如"良心"等美德驱动的"分外善行"或者说"道德理想"。因此，从原理上分析，设计行为主体即

① 亚当·斯密.道德情操论[M].谢宗林，译.北京：中央编译出版社，2008: 94-95.
② 余涌.论道德上的完全义务与不完全义务[J].哲学动态，2017(8): 74.

便不能履行"设计关怀偏远地区贫困群体"的"不完全义务"，也不应受到社会相关强约束力的制约，更不应受到权力、法律和政治的惩罚。与此同时，通过反向分析可知，正因权利与义务的逻辑相关性以及"设计关怀偏远地区贫困群体"的义务是"不完全义务"，所以设计行为主体也不应在履行此"不完全义务"的时候企望从"贫困主体"那儿获得相对等的权利，而"贫困主体"也没有任何强约束力的保障被赋予获得设计行为主体关怀的权利。

因此，从这个意义上来看，设计行为主体对"贫困主体"的关怀更多的是一种源自"道德理想"的帮扶及关爱。再进一步分析便不难发现，在此过程中"授人以鱼不如授人以渔"便显得越发重要。因为，依照上文的阐析，设计毕竟只是众多社会力量参与"反贫困"活动的途径之一，且不是必须给予贫困群体的活动，帮扶（而不是给予）贫困群体，调动他们的主观能动性去自主脱贫才是正途。也正因如此，反观设计，它就不应在"反贫困"的活动中过分强调自己的主体地位，营造出贫困民众没有了设计便从此不能脱贫的"假象"。但是，目前在本就不多的相关设计活动中长期存在此类问题。形成这样局面的重要原因之一便是设计行为主体没有明确自己与贫困主体在权利、义务（或责任）上的关系。设计行为主体总是臆测贫困主体的水深火热，于是便以"救世主"或"最后一根救命稻草"的姿态为"穷人"提供或劝说他们接受这样或那样的设计及服务，全然不顾他们是否理解或需要。某些项目甚至还赋予了设计一种无可取代的身份，因此出现了某种"泛设计"化的论调，从而导致一些本属于其他社会力量的实际功效也被归在了设计的名下。在此，本书无意抹杀设计之功以及设计与其他领域在脱贫问题上的协同创新，但如若模糊了设计行为主体与贫困主体的关系以及设计的功能界限，不仅容易令设计活动及相关主体不断托大，滋生"精英主义"甚至"民粹主义"倾向，还会最终使得贫困群体不能真正获取设计给他们带来的实惠与利好。

二、"设计关怀偏远地区贫困群体"与"民粹主义"倾向

在分析过设计行为主体与"贫困主体"的相互关系后便不难察觉，前者无论是从权利、义务或责任的角度，都不应倨傲自尊——似乎要凌驾于贫困群体之上而进行施舍和救赎。但这同样也不意味着设计行为主体就要奉行"民粹主义"，造成"人民崇拜"的极端倾向。事实上，即便表面看起来对平民的价值和理想极度强调，但"民粹主义"依然还是所谓的"精英"阶层所构筑起带有一定救世主意识的立场与姿态。

爱德华·希尔斯（Edward Shils）认为所谓"民粹主义"便是"一种对平民百姓、未受教育者、非知识分子之创造性和道德优越性的崇信"[①]。"民粹主义发生在从传统的农业社会向现代工业社会的转型时期，对资本主义工业文明深恶痛绝，并怀恋传统的农耕升平景象，追求社会正义与社会公平，把道德理想寄托在平民大众身上，具有强烈的反智主义倾向。作为术语，'民粹主义'源于俄国，是 19 世纪下半叶开始在俄国出现的一种带有浓厚空想社会主义色彩的小资产阶级思想思潮。"[②] 但追根溯源，其实"民粹主义"的思想受到法国著名的启蒙思想家让-雅克·卢梭的影响较为深远。有学者认为："民粹主义取自卢梭思想的思想养料，包括人民主权观、平等主义理想、道德至上主义和直接行动逻辑等。"[③] 众所周知，卢梭民主自由的思想是法国大革命的动力，而后者也为"民粹主义"的萌芽奠定了"宝贵"的基石，像"自由、平等、博爱"等思想长期以来都闪耀在"民粹主义"的思想进程之中。"在民粹主义并不严谨的思想体系中，始终可见的正是对'自由、平等、博爱'的追求，它在理念上承接了法国大革命的馈赠；其政治理想也是在法国大革命

---

① Shils E. The Intellectuals and the Powers, and Other Essays[M]. Chicago and London: University of Chicago Press, 1972: 20.

② 张堂会.启蒙与民众崇拜的悖谬——关于民粹主义与20世纪中国文学关系的几点思考[J].社会科学战线，2006(1): 124.

③ 林红.民粹主义——概念、理论与实证[M].北京：中央编译出版社，2007: 94.

中形塑的。"①

　　"民粹主义"之"民"即平民大众，在突出数量的同时，体现了社会金字塔结构最底层群体的特性，亦即"底层主义"。"民粹主义"认为："平民阶层，作为与精英相对应的阶层，所占有的政治、经济、文化资源远不如精英，社会底层则几近于无，他们在政治上基本无行政权力，经济上一般仅能维持生存，至多保持'温饱'，文化上则缺乏教育机会，文化水平低，缺乏表达自己的能力。"② 正因如此，所谓的"精英阶层"极力主张，他们将代为表达平民阶层的意愿，为其发声，为其争取各种权利。"民粹主义"坚信"精英阶层"的力量源泉来自底层民众，后者的地位必须至高无上，不容被丝毫地污蔑、诋毁与忽视。作为"精英"就必然要为劳苦大众服务，为他们谋福利，与底层民众的联系使他们显得更具有高尚的道德品质。就像具有"民粹主义"倾向的章太炎先生认为的那样，在社会各阶层中，道德最为高尚的便是贫困农民，他们往往劳身苦形，终岁勤劳。由此可以看出，"民粹主义"沾染着浓重的救赎主义色彩，"民粹主义"者们面对民众贫困的生活境遇痛心疾首，要求努力走到劳苦大众中间去，在物质与精神的双向世界里唤醒他们、改造他们。也正因如此，"民粹主义"具有极为强烈的"精英主义"意识，以自我赋予的道德使命裹挟民意，因为他们从骨子里不相信普罗大众的创造力和自我救赎的能力，不认为普通民众能依靠自己来改变困顿。所以，对于"民粹主义"的理解，令人深感矛盾的情况是，一方面，"民粹主义"鼓吹"人民至上"，向人民学习；另一方面，又根本不信任"人民"的能力，有时还"暗含着一部分知识分子、精英阶层对人民的怀疑、不信任甚至轻视"③。"民粹主义"这种貌似草根的性质，使其注定在它出现后的各个历史时期中都能以一种极具号召力甚至蛊惑性的姿态在追求他们谓之平等、正义的道德制高点上大行其道。然而，它毕竟是一种极端的思潮，本质上是披着"反精英主义"外衣的"精英主义"，因此需要在社会生活的各个层面中加以警醒。

---

① 林红.民粹主义——概念、理论与实证[M].北京：中央编译出版社，2007：94.

② 林红.民粹主义——概念、理论与实证[M].北京：中央编译出版社，2007：40.

③ 林红.民粹主义——概念、理论与实证[M].北京：中央编译出版社，2007：43.

实际上，类似上述这种"民粹主义"的倾向，在"设计关怀偏远地区贫困群体"的实践中也时有发生，这主要表现在以下两个方面：

第一，没有真正立足贫困群体的权利，想当然地将设计关怀局限在物质层面，只关注"穷人"的设计"享有度"却忽视了其"参与度"。

前文已述，虽然"贫困"最突出表现在物质或经济方面，但它还包含了健康、生存、发展、文化与精神等方面的问题。此即是说，贫困群体不仅在物质资源方面缺乏权利，在其他方面亦然。设计行为主体在关怀贫困群体过程中往往会陷入一种单纯提供物质领域急需的设计产品或服务的误区，而贫困群体能否像其他普通民众一样平等地参与设计活动的疑问则被抛诸脑后。从设计伦理的角度来看，毋庸置疑，"作为公平的正义"，贫困人群显然有权利参与设计，这也是其缓解或摆脱贫困，实现自身价值，进而达到精神快乐与生活幸福的有效途径之一。然而，反观当下的某些相关实践，却时常"授鱼"有余而"授渔"不足，贫困民众只是被动接受，却未能真正涉足，他们在与贫困相关的生活与生产方式、价值认识及理想信念等方面丝毫没有改变，尤其是未经过系统考量、未有理论指导，且"救世主"意识特别浓重的一批所谓的"精英"设计师或设计团体所组织的零散式设计关怀活动更是如此。这些活动通常体现的是一种短效性特征，设计行为主体难以长期潜心地为贫困主体提供精准的设计服务、设计培训等活动。表面上，贫困群体确乎能在此中获益。但实际上，相关设计行为主体不可能长久对这个贫困群体或设计产品负责，一旦某一项目完成或撤出，贫困人群的生活极有可能恢复原状。

第二，没能切实关注贫困群体的需求，以理想主义甚至浪漫主义的情怀自以为是地去选择关怀的对象及方式。

不难发现，在设计关怀贫困群体的社会实践中，一批带有"民粹主义"倾向的设计行为主体经常会随心所欲地去选择关怀的地区、群体，而不是真正为了这些区域和民众的真实需求而提供切实有效的设计服务。他们在开展相关设计活动之前甚至没有深入考察人们致贫的原因、贫困的表现，以及最需要什么样的设计形式，取而代之的是一批充斥着所谓的"小资情调"和理想化的设计作品在贫困地区以及贫困群体的生活场域里弥漫开来，某些项目常伴随着理想化、概念化的倾向，示范性不强、难以被复制，对于大多数贫困民众而言在可行性上有待商榷，甚至有些索性与贫困群体的需求格格不入。在这里，他们可以恣意挥洒自己的救世情怀，卖弄着自己的设计技巧与艺术浪漫，炫耀着自己与众不同的精英立场。对于他们而言，为贫困群体而设计只不过是一种逃避现实生活，反叛主流话语，顺便为"穷人"发声的另类田园生活。因而我们也很容易看到，农村地区已成为他们最好的"秀场"。于是，"到乡村中去""回归田园"变成了这些设计行为主体相关活动的"标签"。虽然据近期数据统计来看，中国有 7000 万贫困人口，且其中约 99% 都集中在农村地区。但这并非代表那 1% 的城市贫困人口就应该被排斥在设计的道德关怀之外。长此以往，轻则易使相关设计活动出现以偏概全的错误，重则有失社会公允，破坏公平正义的原则，而这是衡量设计行为是否为"善"的重要依据。当然，设计有计划、有步骤、有先后地关怀各个区域的贫困群体本是无可厚非的，本研究在此也绝非反对建设美丽乡村和美丽田园等生态建设的发展战略。但只注重某一特定区域而对其他区域视而不见的行为，则不免有厚此薄彼之嫌，同时也不禁让人产生这样的疑问：莫非是因为这些地区有待开发，对设计而言前景广阔、创作源泉不断，更容易成为设计行为主体践行创新理念的"秀场"，抑或说更能成就这些设计行为主体的救世情怀以及特立独行的生活品位而被格外地关注吗？

显而易见，那些"精英"设计师从根本上未能廓清自己与贫困群体在权利、义务或责任上的差异。带有"民粹主义"倾向的"设计关怀偏远地区人群"与切实有效的"设计关怀偏远地区人群"之本质不同就在于二者服务的对象究竟是贫困主体还是设计行为主体本身；设计是作为手段用于脱贫致富还是以彰显自己的权利与权力、政治主张、生活态度及创作意志作为最终目的；它是能真正围绕贫困主体的真实需求来帮扶和激发自主脱贫的意识还是纯粹地给予和强加。故此，联系上文的分析，同时基于设计行为主体与贫困主体的关系，我们大致可以勾勒出前者在实施设计关怀时应注意的几点事项，以供参考。

第一，注重维护贫困群体的尊严，相信他们自主脱贫的能力，秉持"授渔"观，避免站在道德制高点上的施舍，抑或给予精英化、理想化的设计作品及服务。

第二，调查和研究贫困群体真实而合理的需求，有针对性地为不同贫困成因、不同贫困程度和不同贫困状态的群体提供具体而精准的设计扶助。

第三，尊重贫困群体的宗教信仰、合理禁忌与风俗习惯，注重传承优秀的传统文化与道德价值，在与贫困群体协同创新的前提下，渐进式地通过与设计相关的活动来改善或补充贫困群体的生活与生产方式。

第四，遵循自然与社会的规律，坚持可持续发展的理念和战略，立足长远，以子孙后代的福祉为计，避免临时、短暂、鼠目寸光式的敷衍。

第五，谨防将设计的过程沦为盲目主观、自我标榜、张扬个性的舞台，提倡适度设计，突出功能价值，在兼顾一定艺术性的同时，防止为了艺术而艺术的倾向。

CHAPTER 3

第三章

关怀活动的传统思想溯源

无论是有关贫困或反贫困的研究，还是对设计关怀贫困群体的伦理考量，几乎都能在各个历史时期和社会形态中追溯到有关联的思想根源，特别是以往一些经典的慈善伦理及与反贫困相关的思想更是依然氤氲在当下的相关行为活动之中。众所周知，中国的传统社会一向重视扶危济困与乐善好施，从明君贤臣到谦谦君子，甚至到贩夫走卒，无一不将它们视为优良的道德品质。先秦时期的韩非子就曾有过"夫施与贫困者，此世之所谓仁义；哀怜百姓，不忍诛罚者，此世之所谓惠爱也"[①]的论述。儒家思想的发展更是致使中国古代社会构筑了以民本、大同思想为基础的慈善传统。而像墨家、道家等相关思想，以及佛教的东传，在不同程度上补充和完善了传统慈善思想体系。至于西方古希腊罗马的慈善传统及基督教公益慈善精神也对后世诸如人道主义、利他主义的伦理观有着深远的影响。

第一节　先秦时期的相关思想溯源

　　在中国传统社会中虽然没有明确的"设计关怀偏远地区人群"的具体内容，但与反贫困相关的慈善思想却源远流长，"商汤的赈恤饥寒措施，大概

---

① 韩非. 韩非子：第四卷：奸劫弑臣第十四[M]. 长沙：岳麓书社，2015: 35.

可视为中国古代慈善事业的滥觞"①。而类似民间救助或社会力量参与救助的形式甚至可上溯至尧舜时期。②自先秦至明清，更是出现了多种多样的救助形式及机构，并逐渐形成了民间救助和国家救助两种反贫困形式。譬如，"前者包括了始于先秦并延续至今的邻里救助和互助、宗族救助，秦汉开始出现的早期里社僤（单、弹）以及宗教慈善救助，魏晋南北朝时期的六疾馆、孤独园等私人慈善救助机构，完善于隋唐的仓储制度和宗教救助机构，宋元时期的义庄、义田、义塾等宗族救助以及明清时期日益兴盛的民间慈善等，后者则包括以政府为主导的社会保障、灾荒赈济、慈善救济等形式"③。

先秦时期诸子争鸣，纵横捭阖，机锋迭起，千岩竞秀、万壑争流，为我们留下了宝贵的精神遗产和经典的思想范式。百家思想不乏一些扶弱济贫及慈善伦理的内容，其中又尤以"儒""墨"显学的相关思想对后世影响深远，而儒家更在此间居于主流。蔡元培先生就曾如是说："我国以儒家为伦理学之大宗。而儒家，则一切精神界科学，悉以伦理为范围。"④

一、"仁爱"思想

众所周知，"仁"乃儒家道德体系之核心，将"恭""宽""信""敏""惠""智""勇""忠""恕""孝""弟（悌）"等包含其中，从而统摄诸德。孔子曰："仁者，人也，亲亲为大。义者，宜也，尊贤为大。亲亲之杀，尊贤之等，礼所生也"⑤，此即言明"仁"便是人与人之间的相亲相爱。孟子也曾说："仁也者，人也。合而言之，道也。"⑥足见，"仁"之命题最先基于的是人伦之上的道德情感。"仁爱"在不断的发展中又逐渐演变为一种助人为善、团结互助的道德品质以及注重自我修养的道德自律。例如，《论语》载：

① 王卫平. 论中国古代慈善事业的思想基础[J]. 江苏社会科学，1999(2): 116.
② 黄承伟，刘欣，周晶. 鉴往知来：十八世纪以来国际贫困与反贫困理论评述[M]. 南宁：广西人民出版社，2017: 226.
③ 黄承伟，刘欣，周晶. 鉴往知来：十八世纪以来国际贫困与反贫困理论评述[M]. 南宁：广西人民出版社，2017: 226.
④ 蔡元培. 中国伦理学史[M]. 北京：中国和平出版社，2014: 2.
⑤ 曾子，子思. 大学·中庸：第二十章[M]. 兰州：敦煌文艺出版社，2015: 143.
⑥ 孟子. 孟子：卷十四[M]. 南昌：江西人民出版社，2017: 361.

"子贡曰:'如有博施于民而能济众,何如?可谓仁乎?'子曰:'何事于仁?必也圣乎!尧舜其犹病诸。夫仁者,己欲立而立人,己欲达而达人。能近取譬,可谓仁之方也已。'"①有学者认为:"这种推己及人、团结互助、利己利人、博施济众的儒家慈善伦理思想与现代慈善的含义如出一辙。"②孟子更是将此发扬光大,提出了"君子之于物也,爱之而弗仁;于民也,仁之而弗亲。亲亲而仁民,仁民而爱物"③"老吾老,以及人之老;幼吾幼,以及人之幼"④等"仁爱"观。甚至还对"穷民"有所关爱,于是进一步提出了"仁政"的思想:"老而无妻曰鳏,老而无夫曰寡,老而无子曰独,幼而无父曰孤。此四者,天下之穷民而无告者。文王发政施仁,必先斯四者。"⑤他还说:"人皆有不忍人之心。先王有不忍人之心,斯有不忍人之政矣。以不忍人之心,行不忍人之政,治天下可运之掌上。"⑥可见在孟子眼中,"仁"不仅是一种道德品行,更是政治伦理的基础。

除儒家对"仁爱"的道德体系有所建构外,墨家与道家也曾有过自己的见解。墨子出身平民,早年曾学儒术,后独树一帜,主张"兼爱"的伦理思想。他认为"兼相爱,交相利"⑦,提出:"若使天下兼相爱,爱人若爱其身,犹有不孝者乎?视父兄与君若其身,恶施不孝?犹有不慈者乎?视弟子与臣若其身,恶施不慈?"⑧"是故诸侯相爱,则不野战;家主相爱,则不相篡;人与人相爱,则不相贼;君臣相爱,则惠忠;父子相爱,则慈孝;兄弟相爱,则和调。天下之人皆相爱,强不执弱,众不劫寡,富不侮贫,贵不敖贱,诈不欺愚。凡天下祸篡怨恨,可使毋起者,以相爱生也,是以仁者誉之。"⑨这些观念不囿于"礼",不拘于社会等级,体现了一定的平等性。与此同时,

① 论语[M].刘兆伟,译注.北京:人民教育出版社,2015:125.
② 王银春.慈善伦理引论[M].上海:上海交通大学出版社,2015:55.
③ 孟子.孟子:卷十三[M].牧语,译注.南昌:江西人民出版社,2017:346.
④ 孟子.孟子:卷一[M].牧语,译注.南昌:江西人民出版社,2017:15.
⑤ 孟子.孟子:卷二[M].牧语,译注.南昌:江西人民出版社,2017:33.
⑥ 孟子.孟子:卷三[M].牧语,译注.南昌:江西人民出版社,2017:71.
⑦ 墨翟,冀昀.墨子:卷四[M].北京:线装书局,2007:72.
⑧ 墨翟,冀昀.墨子:卷四[M].北京:线装书局,2007:69.
⑨ 墨翟,冀昀.墨子:卷四[M].北京:线装书局,2007:72.

墨家"兼爱"思想中还有着乐善好施、广济天下的意蕴。如《墨子·尚贤下》载:"曰:今也天下之士君子,皆欲富贵而恶贫贱,曰:然女何为而得富贵而辟贫贱?莫若为贤,为贤之道将奈何?曰:有力者疾以助人,有财者勉以分人,有道者劝以教人。若此,则饥者得食,寒者得衣,乱者得治。若饥则得食,寒则得衣,乱则得治,此安生生。"①

此外,道家的创始人老子对"仁爱"有着独到的伦理解读,在《道德经》中就提出"与人为善"的思想。他说:"圣人无常心,以百姓心为心。善者,吾善之;不善者,吾亦善之,德善。"②而他的"夫唯道,善贷且成"③,则将"道"视为蓄养万物之根本,于是有了"故道生之,德畜之,长之育之,亭之毒之,养之覆之。生而不有,为而不恃,长而不宰,是谓玄德"④这一宏大的"仁爱"观。

二、"民本"思想

"民本思想是中国传统治国理论的核心,是影响中国治国安邦大业达几千年之久的政治思想。民本思想萌芽于夏商周时期,形成和完善于春秋战国时期,而后又经过长期的充实与发展,到明清之际达到顶峰。"⑤西周时期,尽管孔子眼中的圣人周公及其一众统治者对待百姓的态度依然坚持"天罚",但基于殷商覆灭的教训,因而同时也开始重视民众的力量,于是便有了"敬德保民"之主张。《尚书·周书·酒诰》载:"人,无于水监,当于民监"⑥;《尚书·周书·泰誓》又云:"天视自我民视,天听自我民听。百姓有过,在予一人。"⑦

---

① 墨翟,冀昀.墨子:卷二[M].北京:线装书局,2007:44.

② 李耳.道德经:第四十九章[M].北京:中国纺织出版社,2007:190.

③ 李耳.道德经:第四十一章[M].北京:中国纺织出版社,2007:158.

④ 李耳.道德经:第五十一章[M].北京:中国纺织出版社,2007:197.

⑤ 陈秀平,陈继雄.中国古代民本思想探源——从先秦时期君民关系理论来看[J].前沿,2010(20):28.

⑥ 李民,王健.周书·酒诰;尚书译注[M].上海:上海古籍出版社,2004:277.

⑦ 李民,王健.周书·泰誓中;尚书译注[M].上海:上海古籍出版社,2004:199.

　　而至春秋战国，儒家的治民理念基于"仁爱"精神，就形成了"其养民也惠，其使民也义"①的观念。孔子曰："子为政，焉用杀？子欲善而民善矣。君子之德风，小人之德草，草上之风必偃。"②孔子类似的思想是对周代以来"敬德保民"的沿革，同时也为孟子的"民本"理念奠定基础。孟子十分重视为君者与人民的关系，主张重视民众的地位，于是便有了"民为贵，社稷次之，君为轻"③的千古名句。同时，他将得民心与得天下相关联，认为："桀纣之失天下也，失其民也；失其民者，失其心也。得天下有道：得其民，斯得天下矣；得其民有道：得其心，斯得民矣；得其心有道：所欲与之聚之，所恶勿施尔也。"④归根结底，他将得民心的方法置于"惠民"二字之上。不仅如此，孟子还提出了具体的"惠民"政策，如："不违农时，谷不可胜食也；数罟不入洿池，鱼鳖不可胜食也；斧斤以时入山林，材木不可胜用也。谷与鱼鳖不可胜食，材木不可胜用，是使民养生丧死无憾也"⑤"五亩之宅，树之以桑，五十者可以衣帛矣。鸡豚狗彘之畜，无失其时，七十者可以食肉矣。百亩之田，勿夺其时，数口之家可以无饥矣"⑥等。

　　而先秦诸子中还有管仲也有着相类似的思想，他主张统治阶级应扶危济困、广施仁政，"行九惠之教"，即"一曰，老老。二曰，慈幼。三曰，恤孤。四曰，养疾。五曰，合独。六曰，问疾。七曰，通穷。八曰，赈困。九曰，接绝"⑦。这已基本形成了对老、幼、弱、病、穷、困等弱势群体的关怀理念，即便与当今时代的慈善观与救济观相较也毫不逊色。纵观中国传统社会政史，先秦百家的"惠民""贵民"，以及由此引发的"仁政"等理念一直是统治阶级恪守谨遵的治国安邦之道，这也从客观上完善和补益了中国慈善伦理的思想。

---

① 论语[M]. 刘兆伟，译注. 北京：人民教育出版社，2015：89.

② 论语[M]. 刘兆伟，译注. 北京：人民教育出版社，2015：272.

③ 孟子. 孟子：卷十四[M]. 牧语，译注. 南昌：江西人民出版社，2017：359.

④ 孟子. 孟子：卷七[M]. 牧语，译注. 南昌：江西人民出版社，2017：156.

⑤ 孟子. 孟子：卷一[M]. 牧语，译注. 南昌：江西人民出版社，2017：4.

⑥ 孟子. 孟子：卷一[M]. 牧语，译注. 南昌：江西人民出版社，2017：4.

⑦ 管仲. 管子：第十八卷[M]. 长春：时代文艺出版社，2008：300.

三、"大同"思想

"大同思想也是儒家学说体系的重要组成部分之一,亦是后世发展社会慈善事业的一个理论渊源。"[1] 显而易见,大同思想是儒家对理想社会建构的美好愿景,其中氤氲着"公平"与"正义"的伦理内蕴。汉代儒家经典《礼记》就曾描绘出"大同"盛景:"大道之行也,天下为公。选贤与能,讲信修睦,故人不独亲其亲,不独子其子,使老有所终,壮有所用,幼有所长,鳏寡、孤独、废疾者,皆有所养。男有分,女有归。货,恶其弃于地也,不必藏于己。力,恶其不出于身也,不必为己。是故,谋闭而不兴,盗窃乱贼而不作。故外户而不闭,是谓大同。"[2] 可以说,"大同"社会便是前文所述孔子认为连尧舜都达不到的"博施于民而能济众"之境界。而孟子对"大同"亦有自己的理想,他说:"死徙无出乡,乡田同井,出入相友,守望相助,疾病相扶持,则百姓亲睦。"[3] 这是对孔子"大同"社会的进一步勾勒,二者共同构成"大同"观之精髓。

除儒家有"大同"思想外,墨、道两家也曾描绘过社会治理的理想图景,这在一定程度上对"大同"思想形成补充。墨子提出"尚同"观,他认为:"天子唯能壹同天下之义,是以天下治也"[4];其"尚贤"观则说:"聿求元圣,与之勠力同心,以治天下"[5],并且还提出了社会之治的"节用"之法,"曰:'凡天下群百工,轮、车、鞣、鞄、陶、冶、梓、匠,使各从事其所能。'曰:'凡足以奉给民用,则止。'诸加费不加于民利者,圣王弗为"[6]。墨子的思想虽有一定的唯心成分,但不失对朴素的平等、正义等道德理想之追求。

而老子的观念则相对比较"另类",他对理想社会的设想建立在"小国寡

---

① 周秋光, 曾桂林. 中国慈善思想渊源探析[J]. 湖南师范大学社会科学学报, 2007(3): 136.

② 戴圣. 礼记:礼运第九[M]. 崔高维, 校点. 沈阳:辽宁教育出版社, 2000: 75.

③ 孟子. 孟子:卷五[M]. 牧语, 译注. 南昌:江西人民出版社, 2017: 108.

④ 墨翟, 冀昀. 墨子:卷三[M]. 北京:线装书局, 2007: 52.

⑤ 墨翟, 冀昀. 墨子:卷二[M]. 北京:线装书局, 2007: 35.

⑥ 墨翟, 冀昀. 墨子:卷六[M]. 北京:线装书局, 2007: 110.

民"的基础之上："小国寡民，使有什伯之器而不用，使民重死而不远徙。虽有舟舆，无所乘之；虽有甲兵，无所陈之。使民复结绳而用之。甘其食，美其服，安其居，乐其俗。邻国相望，鸡犬之声相闻，民至老死不相往来。"[①]显然，这是行无为之益，是对泰古时代社会秩序的守望。有学者分析："'小国寡民'描绘了一个理想化的'乐园'，具有反剥削、反压迫、主张社会公平正义的色彩，构成古代大同社会理想的重要组成部分。"[②]而庄子对老子的思想进一步阐扬，提出的"至德之世"的理想社会建构，在一定程度上也具有"大同"的思想。他曾在《庄子·胠箧》中一口气列举了容成氏、大庭氏、伯皇氏、中央氏、轩辕氏、神农氏等十二位传说中泰古帝王治下的太平盛景："当是时也，民结绳而用之，甘其食，美其服，乐其俗，安其居，邻国相望，鸡狗之音相闻，民至老死而不相往来。若此之时，则至治已。"[③]在庄子的眼中，这才是"至德之世"。表面上庄子是对泰古社会的追溯与描绘，而实际上则是对他所处时代乱象的批判，追求的是至德至善的理想治世之境。尽管庄子并未明确提出"大同"二字，但其思想却是古代社会重要的政治理想之一，也成为后世慈善救助观重要的思想根源。

春秋战国是思想大碰撞的时代，无论是"仁爱""民本"思想，还是"大同"社会的构建，无不充斥着古圣先贤对人与自然、人与社会、人与人的哲思。而在其中更是闪烁着中国早期社会慈善伦理观的光芒，照亮并指引着先秦慈善活动的路向，也推动了早期国家与民间救助的萌芽与发展，对贫困问题及反贫困研究，乃至设计关怀贫困群体的伦理考量都不无启迪。

---

① 李耳. 道德经：第八十章[M]. 北京：中国纺织出版社，2007: 310.

② 黄承伟，刘欣，周晶. 鉴往知来：十八世纪以来国际贫困与反贫困理论评述[M]. 南宁：广西人民出版社，2017: 231.

③ 庄周. 庄子：外篇[M]. 方勇，译注. 北京：中华书局，2010: 154.

第二节　秦汉至南北朝时期的相关思想溯源

公元前 221 年，秦王嬴政横扫六合、一统天下，建立了中国历史上第一个中央集权的封建王朝，中国也由此进入大一统时期。从秦汉至魏晋南北朝，基于先秦慈善伦理的思想，此时无论是相关理论还是社会实践都有了进一步的发展。国家救助的形式与层面得到拓宽，民间救助形式愈发丰富，而宗教慈善思想也开始萌芽。这一时期可谓开启了中国封建社会早期反贫困的新篇章。

一、秦汉时期的相关思想

秦汉以降，慈善救助虽然形式多样，但就总体而言，依然以国家救助作为主体。此时已出现针对老、幼、妇、残等特殊弱势人群的关怀及社会扶助。

中国自古以敬老、尊老为传统美德，汉儒戴圣的《礼记·大学》载："所谓平天下在治其国者：上老老而民兴孝，上长长而民兴弟，上恤孤而民不倍，是以君子有絜矩之道也"①，可见尊老与行孝关系密切，是民众的责任与公德。而汉文帝时期的贾谊认为商鞅变法致秦俗日败，尊老传统被破坏。其后，亦有当代学者持秦代尚武与尊老传统不合的观点。尽管如此，细究来看民间虽有类似现象，但国家法度及舆论依然没有放弃尊老、养老的理念。睡虎地秦墓竹简中《为吏之道》载："以此为人君则鬼，为人臣则忠；为人父则兹（慈），为人子则孝；能审行此，无官不治，无志不彻，为人上则明，为人下则圣。君鬼臣忠，父兹（慈）子孝，政之本殴（也）；志彻官治，上明

---

① 戴圣. 礼记：大学第四十二[M]. 崔高维，校点. 沈阳：辽宁教育出版社，2000：224.

下圣，治之纪殿（也）"①，又云："除害兴利，兹（慈）爱万姓。毋罪毋（无）罪，毋（无）罪可赦。孤寡穷困，老弱独传，均繇（徭）赏罚。"② 可见，秦代的政府不仅对老人有所关怀，还专门提到了孤寡贫困等弱势人群。睡虎地秦墓竹简中《法律答问》还提到不尊老，甚至殴打老人的罪责，如"殴大父母，黥为城旦舂"③ 等。秦代还在乡级管理组织下设"三老"以掌教化，这也被后来汉代所承继。

秦代除尊老外，还有关怀残疾人的相关规定，睡虎地秦墓竹简《秦律杂抄·傅律》中载："匿敖童，及占（癃）不审，典、老赎耐。百姓不当老，至老时不用请，敢为酢（诈）伪者，赀二甲；典、老弗告，赀各一甲；伍人，户一盾，皆（迁）之。"④ "癃"即有废疾之人，这段话提到对身有残疾之人的审核要确认，因为涉及一定的福利，故不可弄虚作假，可见当时政府对残障人士是有所优待的。此外，秦代对孤寡、妇女的重视在睡虎地秦墓竹简中也有所涉及，如《为吏之道》载："·廿五年闰再十二月丙午朔辛亥。告相邦：民或弃邑居壄（野），入人孤寡，徼人妇女，非邦之故也"⑤，这从一个侧面说明侵害孤寡、妇女的行为应该得到惩治。

西汉建立后，汉承秦弊，实行轻徭薄赋、与民休息的政策。董仲舒提出"罢黜百家，独尊儒术"，汉武帝始行，更使得儒家思想"逐渐成为中华慈善事业思想体系的支柱"⑥。孔孟之道在此时得到了积极的贯彻，儒家所倡导的国家救助理念也得以实行。而"济贫扶弱"仍然是此时慈善思想的核心，这其实还是对先秦"仁爱""民本"思想的传承与发展，因而统治阶级也就格外重视惠民、保民、安民的政策与途径。西汉初年的贾谊便是"民本"思想的代表人物，其在《新书》中说："闻之于政也，民无不为本也。国以为本，君以为本，吏以为本。故国以民为安危，君以民为威侮，吏以民为贵

---

① 睡虎地秦墓竹简整理小组编. 为吏之道；睡虎地秦墓竹简[M]. 北京：文物出版社，1990: 169-170.

② 睡虎地秦墓竹简整理小组编. 为吏之道；睡虎地秦墓竹简[M]. 北京：文物出版社，1990: 170.

③ 睡虎地秦墓竹简整理小组编. 法律答问；睡虎地秦墓竹简[M]. 北京：文物出版社，1990: 111.

④ 睡虎地秦墓竹简整理小组编. 秦律杂抄；睡虎地秦墓竹简[M]. 北京：文物出版社，1990: 87.

⑤ 睡虎地秦墓竹简整理小组编. 为吏之道；睡虎地秦墓竹简[M]. 北京：文物出版社，1990: 174.

⑥ 王文涛. 先秦至南北朝慈善救助的特点与发展[J]. 史学月刊，2013(3): 11.

贱，此之谓民无不为本也。闻之于政也，民无不为命也。……闻之于政也，民无不为功也。……闻之于政也，民无不为力也。……故夫菑与福也，非粹在天也，必在士民也。呜呼，戒之戒之！夫士民之志，不可不要也。呜呼，戒之戒之！"① 在他看来，士民便是国家、君主及官吏之根本，是他们的"命""功""力"，国家的祸福与否完全取决于民众，所以统治者一定不能忽视百姓的力量。并且，他认为国家可以变更国君、政治及官吏，但无论如何不可能更易百姓。《新书·大政下》载："王者有易政而无易国，有易吏而无易民。故因是国也而为安，因是民也而为治。"②

所以在"民本"的基础上，贾谊提出"爱人""爱民"："故爱人之道，言之者谓之其府；故爱人之道，行之者谓之其礼。故忠诸侯者，无以易敬士也；忠君子者，无以易爱民也。诸侯不得士，则不能兴矣；故君子不得民；则不能称矣。"③ 进而，他也就强调"博爱"的品德，"博利"的政治策略，在《新书·修政语上》中他引录帝喾之言曰："德莫高于博爱人，而政莫高于博利人，故政莫大于信，治莫大于仁，吾慎此而已矣。"④ 他将"博爱"与"博利"相互联系，使之相辅相成，体现其由"民本"思想向"仁政"理念的进一步推进，并且"贾谊告诫统治者，为了自己的长治久安，必须实行爱民、利民、富民。爱民，首先要有责任心和罪感"⑤，他假帝尧之口道："故一民或饥，曰：'此我饥之也。'一民或寒，曰：'此我寒之也。'一民有罪，曰：'此我陷之也。'"⑥ 尽管提倡为君者需要有罪感意识并不是贾谊首创，但汉代君主多有罪己诏问世，可能与贾谊的观念不无关联。

除贾谊外，淮南王刘安召集门客编撰之《淮南子》亦有关于"民本"之治的阐述，也有其理想之世的盛景。如《淮南子·原道训》载太古时期，伏羲、神农二皇治下"父无丧子之忧，兄无哭弟之哀；童子不孤，妇人不孀；虹霓

---

① 贾谊，扬雄.贾谊新书；扬子法言：第九卷[M].上海：上海古籍出版社，1989：63.

② 贾谊，扬雄.贾谊新书；扬子法言：第九卷[M].上海：上海古籍出版社，1989：66.

③ 贾谊，扬雄.贾谊新书；扬子法言：第九卷[M].上海：上海古籍出版社，1989：67.

④ 贾谊，扬雄.贾谊新书；扬子法言：第九卷[M].上海：上海古籍出版社，1989：68.

⑤ 刘泽华.中国政治思想史（秦汉魏晋南北朝卷）[M].杭州：浙江人民出版社，1996：29.

⑥ 贾谊，扬雄.贾谊新书；扬子法言：第九卷[M].上海：上海古籍出版社，1989：68.

不出，贼星不行。含德之所致也"①，而这正是因为上古先皇德治之功。故而他主张为人主者，应"处无为之事，而行不言之教。……故圣人事省而易治，求寡而易澹；不施而仁，不言而信，不求而得，不为而成；块然保真，抱德推诚；天下从之"②。而就民众与为君者的关系来看，刘安则认为："食者，民之本也；民者，国之本也；国者，君之本也。"③ 所以，在他看来，作为君主就应该安民、利民，正所谓"为政之本，务在于安民；安民之本，在于足用"④。安民、利民就需要发展农业生产，并提供生产条件和方案："教民养育六畜，以时种树，务修田畴滋植桑麻，肥墝高下各因其宜。丘陵坂险不生五谷者，以树竹木，春伐枯槁，夏取果前，秋畜疏食，冬伐薪蒸，以为民资。"⑤

　　而董仲舒独尊儒术，其思想之核心还是为了统治阶级。但他也知道民众之重要性，他说："天之生民，非为王也；而天立王，以为民也。故其德足以安乐民者，天予之；其恶足以贼害民者，天夺之。"⑥ 为君王者就应循天道，以德安民，实施德政，轻徭薄赋，仁义爱民。他认为先秦的统治者很少横征暴敛，"民财内足以养老尽孝，外足以事上共税，下足以蓄妻子极爱，故民说从上"⑦，秦朝则不然，导致民不聊生，所以他建议汉代统治者应"薄赋敛，省徭役，以宽民力。然后可善治也"⑧。而在《春秋繁露·仁义法》中，他说道："是故《春秋》为仁义法，仁之法在爱人，不在爱我；义之法在正我，不在正人……不爱，奚足谓仁！仁者，爱人之名也。"⑨ 这里不仅阐明了为君者应该遵循的行为规范，而且还表明董仲舒认为人与人之间的社会道德价值便是"仁义"，"仁"之核心在于爱人，"义"之核心在于正己。

　　至东汉时期，著名的思想家王符在《潜夫论》中也提到了重民、富民的

---

① 刘安，等.淮南子：卷一[M].高诱，注.上海：上海古籍出版社，1989：5-6.

② 刘安，等.淮南子：卷九[M].高诱，注.上海：上海古籍出版社，1989：85-86.

③ 刘安，等.淮南子：卷九[M].高诱，注.上海：上海古籍出版社，1989：98.

④ 刘安，等.淮南子：卷十四[M].高诱，注.上海：上海古籍出版社，1989：151.

⑤ 刘安，等.淮南子：卷九[M].高诱，注.上海：上海古籍出版社，1989：98.

⑥ 曾振宇，傅永聚.尧舜不擅移、汤武不专杀第二十五；春秋繁露新注[M].北京：商务印书馆，2010：158.

⑦ 班固.汉书：卷二十四上[M].西安：太白文艺出版社，2006：119.

⑧ 班固.汉书：卷二十四上[M].西安：太白文艺出版社，2006：119.

⑨ 曾振宇，傅永聚.仁义法第二十九；春秋繁露新注[M].北京：商务印书馆，2010：176-177.

主张。他认为："帝以天为制，天以民为心。民之所欲，天必从之"①，又云："凡人君之治，莫大于和阴阳。阴阳者，以天为本；天心顺，则阴阳和；天心逆，则阴阳乖。天以民为心；民安乐，则天心顺；民愁苦，则天心逆。"②他提出，作为君王者，当体恤百姓，制定好的政策，政好则民安，并要时时在民众处检验制定的法令效果如何。《潜夫论·本政》曰："君以恤民为本……君臣法令之功，必效于民。"③只有这样，民众才能得以安乐，知晓道义，国家便能风调雨顺，社会安宁。他说："故君臣法令善则民安乐；民安乐则天心惚，天心惚，则阴阳和；阴阳和，则五谷丰；五谷丰，而民眉寿；民眉寿，则兴于义，兴于义而无奸行，无奸行则世平，而国家宁、社稷安，而君尊荣矣。"④足见，王符将社会道德的善恶与民众是否安乐、富庶联系在一起，也就是他所谓的："民富乃可教，……民贫则背善……贫则陋而忘善，富则乐而可教"⑤ "是故礼义生于富足，盗窃起于穷困"⑥。

总的说来，中国传统社会中几乎历代都有救济的理论出现，邓云特（邓拓）先生将其分为两类："此等议论往往遂为实际政策之根据。惟其内容有属于事后救济之消极方面者；有属于事先预防之积极方面者。兹即本此内容之不同，别之为消极救济论与积极预防论二者。"⑦前者可包括"重农""仓储""水利"等，后者则包括"赈济""调粟""养恤""除害"等。在"民本""仁政""德政"等理念的氤氲下，慈善救助的思想在秦汉时期也得以发展，并且，此时救助对象已十分明确，包括老、弱、病、残、孤、寡群体以及贫困群体。救助的途径也趋于多样化，在汉代已出现"赈济"的方式，即主要通过使用诸如粮食、衣物、货币等物质救助，来扶助、救济生活困苦的民众，这实际上是通过物质帮扶以保障最低生存需求的形式，与现代反

① 王符. 潜夫论全译：卷第一[M]. 张觉，译注. 贵阳：贵州人民出版社，1999: 37.
② 王符. 潜夫论全译：卷第二[M]. 张觉，译注. 贵阳：贵州人民出版社，1999: 136.
③ 王符. 潜夫论全译：卷第二[M]. 张觉，译注. 贵阳：贵州人民出版社，1999: 136.
④ 王符. 潜夫论全译：卷第二[M]. 张觉，译注. 贵阳：贵州人民出版社，1999: 136.
⑤ 王符. 潜夫论全译：卷第一[M]. 张觉，译注. 贵阳：贵州人民出版社，1999: 24-25.
⑥ 王符. 潜夫论全译：卷第四[M]. 张觉，译注. 贵阳：贵州人民出版社，1999: 320-321.
⑦ 邓云特. 中国救荒史[M]. 北京：商务印书馆，1993: 205.

贫困中的物质救助方式如出一辙。目前，最早使用"赈济"一词的记载应是在《后汉书》中出现的，当时东汉孝质帝刘缵曾颁诏曰："九江、广陵二郡数离寇害，残夷最甚。生者失其资业，死者委尸原野。昔之为政，一物不得其所，若己为之，况我元元，婴此困毒。方春戒节，赈济乏厄，掩骼埋胔之时。其调比郡见谷，出禀穷弱，收葬枯骸，务加埋恤，以称朕意。"①

值得一提的是，此时甚至已出现明确的"振穷"（"赈穷"）、"恤贫"的思想，这当然也属"赈济"观之中。尽管有学者认为《周礼》成书于战国②，但亦有学者主张《周礼》成书于汉代③。姑且不论哪家观点更为准确，仅就"振穷""恤贫"二词而言，在《周礼》中便有记载，如《周礼·大司徒》中说道："以保息六养万民，一曰慈幼，二曰养老，三曰振（赈）穷，四曰恤贫，五曰宽疾，六曰安富。"④不仅如此，汉代郑玄对其注释曰："保息，谓安之使蕃息也。慈幼，谓爱幼少也。产子三人与之母，二人与之饩，十四以下不从征。养老，七十养于乡，五十异粮之属。振穷，扚捄天民之穷者也。穷者有四，曰矜、曰寡、曰孤、曰独。恤贫，贫无财业禀贷之。宽疾，若今癃不可事不筭卒，可事者半之也。安富，平其繇役，不专取。"⑤可见至少汉时关怀贫困群体的思想已十分清晰。

二、魏晋南北朝时期的相关思想

魏晋南北朝处于较为混乱的历史阶段，政局紊乱，国势动荡，战事频发，灾祸屡现。邓云特先生说："三国承东汉之惫，灾患之作，有增无减。两晋继统，荒乱尤甚。终魏晋之世，黄河长江两流域间，连岁凶灾，几无一

①　范晔，罗文军. 后汉书：卷六[M]. 西安：太白文艺出版社，2006: 50.
②　如沈长云等认为："考虑到《周礼》基本反映了春秋时期的官制而无战国文武分职的职官系统的反映，本文将《周礼》的作成时代置于战国前期。"见：沈长云，李晶. 春秋官制与《周礼》比较研究——《周礼》成书年代再探讨[J]. 历史研究，2004(6): 26.
③　如彭林："笔者认为，《周礼》当成书于汉代。"见：彭林.《周礼》主体思想与成书年代研究[M]. 北京：中国社会科学出版社，1991: 247.
④　十三经注疏整理委员会. 十三经注疏：卷第十[M]. 北京：北京大学出版社，1999: 260.
⑤　十三经注疏整理委员会. 十三经注疏：卷第十[M]. 北京：北京大学出版社，1999: 260.

年或断。总计二百年中，遇灾凡三百零四次。其频度之密，远逾前代。举凡地震、水、旱、风、雹、蝗螟、霜雪、疾疫之灾，无不纷至沓来，一时俱见。"① 面对这样的局面，无论当时的政府还是民间力量都在不断寻求应对之道，赈济、帮扶等慈善关怀形式多样。

魏晋南北朝时期，一些政权还设置"义仓"，在灾荒饥馑之时以供调粟、振贫、恤孤，同时还有相关的蠲赋、免役等措施出台，并时有颁布诏令以体恤弱势群体或贫困民众。如，《三国志·魏书·文帝纪》载："庚子，立皇后郭氏。赐天下男子爵人二级；鳏寡笃癃及贫不能自存者赐谷。"② 又如，晋明帝司马绍立皇太子时也曾有类似举措："戊辰，立皇子衍为皇太子，大赦，增文武位二等，大酺三日，赐鳏寡孤独帛，人二匹。"③ 再如，刘宋时期文帝刘义隆于元嘉"十四年（437 年）春正月辛卯，车驾亲祠南郊，大赦天下。文武赐位一等；孤老、六疾不能自存者，人赐谷五斛"④。类似的记载还可在陈文帝陈蒨统治时期看见："天嘉元年（560 年）春正月癸丑，诏曰：'朕以寡昧，嗣纂洪业，哀茕在疚，治道弗昭，仰惟前德，幽显遐畅，恭己不言，庶几无改。……改永定四年为天嘉元年。鳏寡孤独不能自存立者，赐谷人五斛。孝悌力田殊行异等，加爵一级。……'"⑤ 萧齐时期，政府特别重视恤民救困，世祖武帝萧赜在位期间就曾多次颁诏明确提及"恤老""哀癃"和扶贫济贫等事项，如永明元年（483 年）三月丙辰，诏曰："……京师囚系，悉皆原宥。三署军徒，优量降遣。都邑鳏寡尤贫，详加赈恤。"⑥ 永明二年（484 年）八月，甲子，诏曰："窀枯掩骼，义重前诰，恤老哀癃，寔惟令典。朕永思民瘼，弗忘鉴寐。声憓未敷，物多乖所。京师二县，或有久坟毁发，可随宜掩埋。遗骸未椟，并加敛瘗。疾病穷困不能自存者，详为条格，并加沾赉。"⑦

① 邓云特.中国救荒史[M].北京：商务印书馆，1993：13.
② 陈寿.三国志：卷二[M].裴松之，注.北京：中华书局，1999：59.
③ 房玄龄，等.晋书：卷六[M].北京：中华书局，1974：163.
④ 沈约.宋书：卷五[M].北京：中华书局，1974：84.
⑤ 姚思廉.陈书：卷三[M].北京：中华书局，1974：48.
⑥ 萧子显.南齐书：卷三[M].北京：中华书局，1974：47.
⑦ 萧子显.南齐书：卷三[M].北京：中华书局，1974：49.

次年（485 年）正月，辛卯"车驾祀南郊，大赦。都邑三百里内罪应入重者，降一等，余依赦制。劾系之身，降遣有差。赈恤二县贫民"①。此外，南北朝时期还曾出现由政府主导置办的"孤独园""六疾馆"等都是秉持着恤老、济贫、哀癃的思想。

非但如是，此一时期还曾出现民间一些自发的社会力量参与扶危济困的现象。其实，东汉末年就已有相关记载，譬如当时叙述一年例行农事活动的专书《四民月令》就曾道："九月……存问九族孤、寡、老、病不能自存者，分厚彻重，以救其寒……十月……五谷既登，家储蓄积，乃顺时令，敕丧纪，同宗有贫窭久丧不堪葬者，则纠合宗人，共兴举之；以亲疏贫富为差，正心平敛，毋或踰越；务先自竭，以率不随。"② 很显然，这些济困活动都由民间发起，且多是同一宗族成员之间的互相扶持。而魏晋南北朝之时，相关记载也屡见不鲜。例如，东汉末年天下大乱，百姓流离失所，为糊口保命，纷纷卖掉自家值钱之物，魏文帝曹丕之妻文昭甄皇后的家中在当时有谷物储备，她家人便趁此时收购金银珠玉，但文昭甄皇后"年十馀岁，白母曰：'今世乱而多买宝物，匹夫无罪，怀璧为罪。又左右皆饥乏，不如以谷振给亲族邻里，广为恩惠也。'举家称善，即从后言。"③ 除同宗族成员之间的善举之外，此时还有一些富户对乡邑百姓的救济与布施。例如《三国志》载："鲁肃字子敬，临淮东城人也。生而失父，与祖母居。家富于财，性好施与，尔时天下已乱，肃不治家事，大散财货，摽卖田地，以赈穷弊结士为务，甚得乡邑欢心。"④ 同时还有朋友间的体恤，如"任峻字伯达，河南中牟人也。……于饥荒之际，收恤朋友孤遗，中外贫宗，周急继乏，信义见称"⑤。

魏晋南北朝的慈善救助多是承继先秦及两汉的思想，是对有关"仁爱""民本"理念的践行。与此同时，宗教兴起，尤其是佛教、道教的慈善

---

① 萧子显. 南齐书：卷三[M]. 北京：中华书局，1974：49.

② 崔寔. 四民月令辑释[M]. 缪启愉，辑释. 万国鼎，审订. 北京：农业出版社，1981：94-98.

③ 陈寿. 三国志：卷五[M]. 裴松之，注. 北京：中华书局，1999：120.

④ 陈寿. 三国志：卷五十四[M]. 裴松之，注. 北京：中华书局，1999：937.

⑤ 陈寿. 三国志：卷十六[M]. 裴松之，注. 北京：中华书局，1999：369-370.

观及相关举措，对弱势群体与贫困民众的体恤和救助起到了重要的影响，在一定程度上为百姓生活提供了基本的保障，对社会发展及经济文化而言也相对有利。

两汉之际，佛教传入中国，"与中国固有思想文化相融合，以通俗的教化劝导人们止恶从善，劝善化俗，为中国古代慈善思想增添了新的思想活力"①。"佛教慈善思想是在道德价值层面规范人们心理动机和行为倾向的伦理革命，对于中国古代慈善思想体系的发展和补充更具有划时代的意义。"② 佛教基本的观点就是缘起说，也因而演化出因果业报的思想观念。中国佛教史上第一部护法弘教的经典文献《弘明集》中就有这样的记载："经说：业有三报，一曰现报，二曰生报，三曰后报。现报者，善恶始于此身，即此身受。生报者，来生便受。后报者，或经二生三生百生千生，然后乃受。"③ 因果循环、善恶报应使得信众能在道德自我规范和诚命约束的共同作用下行善举。特别是汉传佛教又被称为人间佛教，在因果业报的思想指引下，对人世间的疾苦关怀有加，也因此多有劝善止恶的社会功能。此外，慈悲观也是佛教慈善伦理思想的基础之一。佛教中的"慈"是指慈爱众生，"悲"则指怜悯众生，并且"大慈与一切众生乐。大悲拔一切众生苦。大慈以喜乐因缘与众生。大悲以离苦因缘与众生"④。

有学者认为："慈悲观与因果报应说共同构成了中国佛教慈善事业发展的动力。"⑤ 因此，在这两种思想的影响下，魏晋南北朝时期佛教的社会关怀也是屡见不鲜，诸如布施、济贫、赈灾等一些相关的慈善活动开始出现。如，《高僧传》载，东晋高僧"史宗者，不知何许人。……常在广陵白土塸，赁埭讴唱，引纡以自欣畅，得直随以施人"⑥。《比丘尼传》载，东晋"令宗，本姓满，高平金乡人也。后百姓遇疾，贫困者众，宗倾资赈给，告乞人间。

① 王文涛.先秦至南北朝慈善救助的特点与发展[J].史学月刊，2013(3): 11.
② 王文涛.先秦至南北朝慈善救助的特点与发展[J].史学月刊，2013(3): 11-12.
③ 僧祐.弘明集：三报论[M].刘立夫，胡勇，译注.北京：中华书局，2011: 100.
④ 龙树.大智度论：卷第二十七[M].鸠摩罗什，译.上海：上海古籍出版社，1991: 181.
⑤ 王银春.慈善伦理引论[M].上海：上海交通大学出版社，2015: 59.
⑥ 释慧皎.高僧传：卷第十[M].汤用彤，校注，汤一玄，整理.北京：中华书局，1992: 376.

不避阻远，随宜赡恤，蒙赖甚多，忍饥勤苦，形容枯悴"①。再如，刘宋王朝宋明帝刘彧或赏高僧释道猛众多优待，但"（释道）猛随有所获，皆赈施贫乏，营造寺庙"② 等等，诸如此类不胜枚举。

除佛教外，中国本土宗教——道教在魏晋南北朝时期得到了极大的发展和流行，在此时奠定了基本规模和形式。道教的创始人乃东汉张道陵，后于东汉末年又分立为两个教派，即张角创立的"太平道"，以及张陵创立的"五斗米道"（天师道）。前者以《太平经》为经典，后者则以《道德经》为典据。"太平道"描绘了公平、同乐的理想社会，并认为"常言人无贵无贱，皆天所生，但录籍相命不存耳。爱之慎之念之，慎勿加所不当为而枉人，侵剋非有"③。其教义在一定程度上包含有劝善止恶、扶困救穷等思想内涵。例如《太平经》曾载："或积财亿万，不肯救穷周急，使人饥寒而死，罪不除也。"④而"五斗米道"因其入道者需交五斗米，故此得名。"五斗米道"亦主张要扶危济困、救急互助，不仅构筑了道教的慈善观，还建立政教合一的政权。其教权后被张鲁所掌，雄踞巴、汉垂三十年，该教派进而得到充分的发展。《三国志》载："张鲁字公祺，沛国丰人也。……鲁遂据汉中，以鬼道教民，自号'师君'。其来学道者，初皆名'鬼卒'。受本道已信，号'祭酒'。各领部众，多者为治头大祭酒。皆教以诚信不欺诈，有病自首其过，大都与黄巾相似。诸祭酒皆作义舍，如今之亭传。又置义米肉，县于义舍，行路者量腹取足；若过多，鬼道辄病之。犯法者，三原，然后乃行刑。不置长吏，皆以祭酒为治，民夷便乐之。"⑤可见张鲁在汉中、巴蜀一带设置"义舍"，广施慈善。

---

① 释宝唱.比丘尼传校注:卷第一[M].王孺童，校注.北京：中华书局，2006：32～33.
② 释慧皎.高僧传:卷第七[M].汤用彤，校注，汤一玄，整理.北京：中华书局，1992：296.
③ 王明.太平经合校:卷一百一十二[M].北京：中华书局，1979：576.
④ 王明.太平经合校:卷六十七[M].北京：中华书局，1979：242.
⑤ 陈寿.三国志:卷八[M].裴松之，注.北京：中华书局，1999：197-198.

第三节　隋唐至明清时期的相关思想溯源

隋唐是中国传统社会的鼎盛时期，隋朝灭梁平陈，结束了魏晋以来长达近400年的分裂局面。之后李唐代隋，唐朝统治阶级励精图治，一度使当时社会的政治、经济、文化、艺术达到了空前鼎盛的状态。隋唐及两宋可谓中国古代思想文化发展的重要阶段，也是慈善伦理思想及其实践活动高度发展的时期。元代以降，慈善事业一度式微，但及明清两代，统治阶级较为重视慈善与民生，加之泛爱救助思想的影响，促使中国传统社会晚期无论官方还是民间的慈善活动都得到再度兴盛。

一、隋唐时期的相关思想

隋唐时期的慈善救助及相关思想是中国传统社会反贫困史上的重要阶段。总体说来，它是对魏晋南北朝相关思想及实践的赓续与调整。此时，政府在其中的职能愈发强化，而民间救助，尤其是宗教救助依然不衰，并且愈加丰富和完备，这也为古代社会中晚期的相关思想提供了有益的借鉴和参考。"隋唐时期对于古代慈善救助思想的一大贡献，就是推动了国家社会间慈善救助的制度化。"[①]特别是隋唐之仓廪制及相关思想更是在此时得到完善。

中国古代历来是典型的以农耕为主体经济的社会形态，粮食可谓是百姓生存与发展的重要物质基础。以粮食赈济的活动也成为古代慈善最为主要的形式之一。早在汉代，仓储制度就已成为统治阶级备荒之治的措施之一。隋代的相关活动便在这样的思想基础上又得到了进一步发展。《隋书》曾载：

---

① 黄承伟，刘欣，周晶.鉴往知来：十八世纪以来国际贫困与反贫困理论评述[M].南宁：广西人民出版社，2017：235.

"长孙平字处均，河南洛阳人也。……开皇三年（583 年），征拜度支尚书。平见天下州县多罹水旱，百姓不给，奏令民间每秋家出粟麦一石已下，贫富差等，储之闾巷，以备凶年，各曰义仓。因上书曰：'臣闻国以民为本，民以食为命，劝农重谷，先王令轨。古者三年耕而馀一年之积，九年作而有三年之储，虽水旱为灾，而民无菜色，皆由劝导有方，蓄积先备者也。去年亢阳，关右饥馁，陛下运山东之粟，置常平之官，开发仓廪，普加赈赐，大德鸿恩，可谓至矣。然经国之道，义资远算，请勒诸州刺史、县令，以劝农积谷为务。'上深嘉纳。自是州里丰衍，民多赖焉。"[1] 可见，隋文帝杨坚采纳了长孙平的观点，设置"义仓"以备灾荒。隋初"义仓"建于村社，后移至州县，隋末被侵渔的现象严重。但"义仓"这一举措却延续至唐代，唐太宗李世民对此进行改良，完善了仓廪制度，并使之成为常制。《旧唐书》载，贞观二年（628 年）四月，尚书左丞戴胄向李世民进言："水旱凶灾，前圣之所不免。……今请自王公已下，爰及众庶，计所垦田稼穑顷亩，至秋熟，准其见在苗以理劝课，尽令出粟。稻麦之乡，亦同此税。各纳所在，为言义仓。若年谷不登，百姓饥馑，当所州县，随便取给。"[2] 唐太宗对此表示认可，于是"自是天下州县，始置义仓，每有饥馑，则开仓赈给。以至高宗、则天，数十年间，义仓不许杂用"[3]。后至盛唐时期，义仓制度得到进一步改良。除义仓外，唐代还设有常平仓，二者使仓廪备荒、赈灾、恤贫的功能更加齐备，也体现了隋唐政府层面反贫困与救助的思想。

值得一提的是，隋唐时期，民间慈善关爱、扶危济贫的活动十分活跃。而宗教慈善在此中扮演了重要的角色，尤其是佛教的兴盛更是在很大程度上推动了慈善与救助的发展。寺庙和僧侣可谓其中的主体，与魏晋南北朝时期相似，他们多以布施的方式来接贫济困，扶持弱疾。例如，隋代高僧释智舜"俗姓孟，赵州大陆人。少为书生……性少贪恼，手不执财。每见贫馁，泪

---

① 魏征，等.隋书：卷四十六[M].北京：中华书局，1974: 1254.

② 刘昫，等.旧唐书：卷四十九[M].北京：中华书局，1974: 2122-2123.

③ 刘昫，等.旧唐书：卷四十九[M].北京：中华书局，1974: 2123.

垂盈面，或解衣以给，或割口以施"①。再如，隋唐之际的"释德美，俗姓王，清河临清人也。……悲敬两田年常一施，或给衣服，或济糇粮。及诸造福处多有匮竭，皆来祈造，通皆赈给"②。与此同时，寺庙也承办着一定的慈善活动，如《宋高僧传》就曾记载唐代开元年间（713—741年），五台山清凉寺就曾设"粥院"，用以施舍救济。③除此之外，佛教常说广种"三福田"，即报恩父母、师长的"恩田"；供养三宝的"敬田"；悲悯贫困之人的"悲田"，其中"悲田"就是强调要对贫困百姓多加帮扶，广施恩惠。譬如，前文提及的释德美，就曾用"普盆钱"来周济穷人，《续高僧传》载："又至夏末，诸寺受盆，随有盆处皆送物往，故俗所谓'普盆钱'也。"④值得一提的是，唐代寺庙还设置有"悲田养病坊"以对贫困弱疾者施以援手。《资治通鉴》载："禁京城匄者，置病坊以廪之"⑤，同时其对"病坊"的解释则是"时病坊分置于诸寺，以悲田养病本于释教也"⑥。所以，"悲田养病坊"实为寺中僧尼的慈善机构，兼具恤老、济贫、哀癃、慈幼等多重功能。"到唐朝中后期，政府对于悲田养病坊的管理体制进行了改革，不仅扩大了其救助的范围，而且给予一定的政府财政支持，加强了政府的管理力度，由此也形成了其民间管理、政府监督、财政扶持相结合的运作方式，提升了救助机构的功能和影响力，并与政府社会保障功能相互协调补充，开启了政府与民间社会共同参与社会救助的制度化建设，对于古代反贫困思想的发展产生了巨大推动作用。"⑦

① 道宣. 续高僧传: 卷第十七[M]. 台北: 文殊出版社, 1988: 535-536.

② 道宣. 续高僧传: 卷第二十九[M]. 台北: 文殊出版社, 1988: 1014-1015.

③ 赞宁. 大宋高僧传: 卷第二十一[M]. 范祥雍, 点校. 北京: 中华书局, 1987: 538.

④ 道宣. 续高僧传: 卷第二十九[M]. 台北: 文殊出版社, 1988: 1015.

⑤ 司马光. 资治通鉴: 卷二百一十四[M]. 胡三省, 音注, "标点资治通鉴小组", 校点. 北京: 中华书局, 1976: 6809.

⑥ 司马光. 资治通鉴: 卷二百一十四[M]. 胡三省, 音注, "标点资治通鉴小组", 校点. 北京: 中华书局, 1976: 6809.

⑦ 黄承伟, 刘欣, 周晶. 鉴往知来: 十八世纪以来国际贫困与反贫困理论评述[M]. 南宁: 广西人民出版社, 2017: 236.

二、宋元时期的相关思想

北宋建立，结束了唐末以来长期藩镇割据的混乱局面，社会经济稳定，文化艺术兴盛。有专家认为："在中国慈善事业史上，宋代具有划时代的意义。"① 因为此时，无论政府行为的慈善救助，还是民间自发的扶困济危都达到了较高的水平。尤其是宋朝以文治国，将儒家思想推向了一个高峰，形成了以北宋五子邵雍、周敦颐、张载、程颢、程颐，及南宋朱熹、陆九渊等为代表的新儒学派——理学，并以"仁"为中心，不断发展儒家以博施济众为己任的慈善思想和政治理念。像张载就曾提出"以责人之心责己则尽道，所谓'君子之道四，丘未能一焉'者也；以爱己之心爱人则尽仁，所谓'施诸己而不愿，亦勿施于人'者也"②"大人所存，盖必以天下为度"③ 等观点。《宋史》载："水旱、蝗螟、饥疫之灾，治世所不能免，然必有以待之，《周官》'以荒政十有二聚万民'是也。宋之为治，一本于仁厚，凡振贫恤患之意，视前代尤为切至。"④

所以，在宋朝"诸州岁歉，必发常平、惠民诸仓粟，或平价以粜，或贷以种食，或直以振给之，无分于主客户。不足，则遣使驰传发省仓，或转漕粟于他路；或募富民出钱粟，酬以官爵，劝谕官吏，许书历为课；若举放以济贫乏者，秋成，官为理偿。又不足，则出内藏或奉宸库金帛，鬻祠部度僧牒；东南则留发运司岁漕米，或数十万石，或百万石济之"⑤。台湾学者王德毅先生说："为大同理想世界的实现，宋代发政施仁之目，固不暇枚举，而总其要，则是无一不朝向这一方面努力……其关于养老慈幼之政，自两汉以下再没有比宋代规模之更宏远，计划之更周密，设施之更详尽的了。"⑥ 故此，

① 王卫平. 唐宋时期慈善事业概说[J]. 史学月刊，2000(3): 97.

② 张载. 张子正蒙注：卷四：中正篇[M]. 王夫之，注. 北京：中华书局，1975: 164.

③ 张载. 张子正蒙注：卷四：中正篇[M]. 王夫之，注. 北京：中华书局，1975: 165.

④ 脱脱，等. 宋史：志第一百三十一[M]. 北京：中华书局，1974: 4335.

⑤ 脱脱，等. 宋史：志第一百三十一[M]. 北京：中华书局，1974: 4335-4336.

⑥ 王德毅. 宋代的养老与慈幼[G]// 宋史研究论集：第二辑. 台北：鼎文书局，1972: 371.

宋代国家及民间救助形式以及慈善机构可谓在此时得到了很大的发展。除了承袭唐朝"悲田养病坊"的旧制外，宋朝还在东京汴梁设置"福田院"用以恤老、慈幼、安贫、哀癃，并给予钱粮。"福田院"初为东西二院，最多可收容二十余人，后于宋仁宗嘉祐八年（1063 年）又增南北二院，"每院收容300 人，四院共计收容 1200 人左右"①。"福田院"最先为佛教寺僧营运，后转为官办。宋朝于仁宗嘉祐二年（1057 年）开始，国家便颁布政令以款项和药物来赈济穷人。如《续资治通鉴长编》中载："庚戌，韩琦言：'朝廷近颁方书诸道，以救民疾，而贫下之家力或不能及。请自今诸道节镇及并、益、庆、渭四州，岁赐钱二十万，余州军监十万，委长吏选官合药，以时给散。'从之。按宋史赐钱合药，在己酉日。"②此外，还专门设"广惠仓"以救助老幼贫乏，如"丁卯，置天下广惠仓。初，枢密使韩琦请罢鬻诸路户绝田，募人承佃，以夏秋所轮之课，给在城老幼贫乏不能自存者"③。而在宋哲宗元符元年（1098 年）十月壬午，政府"详定一司敕令所言：鳏寡孤独贫乏不得自存者，知州、通判、县令佐验实，官为居养之，疾病者仍给医药。监司所至检察阅视。应居养者，以户绝屋居，无户绝以官屋居之；及以户绝财产给其费，不限月分，依乞丐法给米豆，阙若不足者以常平息钱充。已居养而能自存者罢。从之"④。显然，这个敕令是对仁宗时期相关政策的延续，但与此同时也有所发展。尤其是"官为居养"的实施，更是在政府和国家层面对"鳏寡孤独贫乏不得自存者"的一种保障，亦成为后来救助穷困百姓的机构"安济坊"和"居养院"之先导。

从前文的阐述中不难发现，中国传统社会向来重视对贫困与疾患人群的体恤与救助。据《北史》载，北魏宣武帝元恪时期就曾设有相关慈善机构用以为贫困不能自存者提供医疗保障，永平三年（510 年）"丙申，诏太常立馆，使京畿内外疾病之徒，咸令居处。严敕医署分师救疗，考其能否而行赏

---

① 王卫平. 唐宋时期慈善事业概说[J]. 史学月刊，2000(3): 97.

② 李焘. 续资治通鉴长编：卷一百八十六[M]. 北京：中华书局，1979: 4487.

③ 李焘. 续资治通鉴长编：卷一百八十六[M]. 北京：中华书局，1979: 4488.

④ 李焘. 续资治通鉴长编：卷五百三[M]. 北京：中华书局，1993: 11967.

罚"①，其性质与唐"悲田养病坊"相似。至北宋哲宗元祐四年（1089年），苏轼出任杭州太守，"又作饘粥、药饵，遣吏挟医，分方治病，活者甚众。轼曰：'杭，水陆之会，因疫病死，比他处常多。'轼乃裒集羡缗，得二千，复发私橐，得金五十两，以作病坊，稍蓄钱粮以待之，名曰'安乐'。崇宁初，改赐名曰'安济'云"②。可见当时苏轼初创"安乐坊"，便也是类似"悲田养病坊"的机构，用以解救贫疾之苦。它最初可以说具有民间慈善性质，但其后明显得到国家的重视，于是在宋徽宗年间更名为"安济坊"。《宋史》载，宋徽宗崇宁元年（1102年）八月"辛未，置安济坊，养民之贫病者，仍令诸郡县并置"③，由此将"安济坊"转变为政府为主导的慈善机构。不仅如此，宋徽宗还于崇宁元年（1102年）"九月戊子，京师置居养院，以处鳏寡孤独，仍以户绝财产给养"④。"居养院"主要是国家针对鳏寡孤独而设立的慈善机构。"建炎南渡"后，"安济坊"与"居养院"在管理方面基本趋同，在功能方面也保持一致，二者都"担负着冬期收养、临时收养、凶荒收养贫民的任务"⑤。

而在政府大力倡导"仁政"、实施慈善救助的同时，宋代民间慈善也十分兴盛。特别是理学思想的作用，使得宋时宗族制度趋向成熟，因而也促进了宗族内部扶危济困的慈善思想与实践的发展。像程颐、张载都曾提出宗族制可以管摄天下人心、使人不忘本的观念。在这类思想的引导下，宗族成员间的体恤与救助便非常普遍。范仲淹回到姑苏时就曾说："吾吴中宗族甚众，于吾固有亲疏，然以吾祖宗视之，则均是子孙，固无亲疏也，吾安得不恤其饥寒哉！且自祖宗积德百余年，而始发于吾，得至大官，若独享富贵，而不恤宗族，异日何以见祖宗于地下？今亦何颜以入家庙乎？"⑥宋代宗族慈善观一直延续到后世，乃至清代，戴百寿仍说："夫宗族者譬若树之本根也，乡

---

① 李延寿.北史：卷四[M].北京：中华书局，1974：137.

② 李焘.续资治通鉴长编：卷四百三十五[M].北京：中华书局，1993：10495-10496.

③ 脱脱，等.宋史：卷十九[M].北京：中华书局，1974：364.

④ 脱脱，等.宋史：卷十九[M].北京：中华书局，1974：365.

⑤ 王卫平.唐宋时期慈善事业概说[J].史学月刊，2000(3)：99.

⑥ 仕学规范·自警编·言行龟鉴：卷四[M].台北：台湾商务印书馆，1986：499.

党者，譬树之枝叶也，安有本根不知庇而能庇及枝叶乎？"① 于是在宗族慈善观的影响下，宋代出现了众多民间慈善机构，如义庄、义田、义塾等，这些善举往往都是对"睦宗敬祖"理念的践行。特别值得一提的是，宋代第一座私人义庄——范氏义庄便是由范仲淹创设的，其目的就是安抚与赈济贫困不能自存的宗族成员。范氏义庄包括义田、义学和义宅，分别为贫弱的族人提供物质、教育及居住等方面的功能。"范氏义庄将临时性的宗族救助逐渐转变为经常性的救助，且具有固定的资金来源和稳定的运行机制，标志着宋代宗族内部救助行为的制度化和规范化发展，也促进了民间社会救助理念和救助方式的变化。"②

　　总之，"宋朝政府比起历史上任何朝代更为重视慈善事业，把慈善事业视为仁政的标志"③。除了前述的一些官方或民间的慈善机构外，宋代还设有诸如"惠民药局""漏泽园""举子仓""慈幼局"等慈善机构。然而，这样的局面在元代并未得到很好地保持。终元一世，无论是与慈善相关的思想还是实践活动都明显逊色于前朝，尤其是国家在救助与慈善的职能方面更是乏善可陈。蒙古铁骑入主中原后，实行民族分化政策，激化民族矛盾的同时也影响了慈善事业的开展。元代国祚较短，政局不稳，只是在元初阶段，特别是元世祖忽必烈统治时期尚为重视恤老赡孤，而其他时期对慈善的关注度则相对较弱。诸多救助体系只停留在表面的初级状态，甚至朝令夕改。总体而言，元朝政府慈善救助的形式基本因循旧例，比如义仓制度便是如此。《通制条格》载："每社立义仓，社长主之。如遇丰年收成去处，各家验口数，每口留粟壹斗，若无粟抵斗，存留杂色物料，以备歉岁就给各人自行食用。官司并不得拘检借贷动支，经过军马亦不得强行取要。"④ 其他如常平仓、养济院等也大抵如是。而相较之下，民间慈善救助则更为突出一些。此时，出现了一些相关的善书著作，如吴亮的《忍经》、冯梦周的《续积善录》等，但基

---

① 吕洪业. 中国古代慈善简史[M]. 北京：中国社会出版社，2014：98.

② 黄承伟，刘欣，周晶. 鉴往知来：十八世纪以来国际贫困与反贫困理论评述[M]. 南宁：广西人民出版社，2017：238.

③ 王卫平. 唐宋时期慈善事业概说[J]. 史学月刊，2000(3)：102.

④ 通制条格：卷第十六[M]. 黄时鉴，点校. 杭州：浙江古籍出版社，1986：190-191.

本也都是儒家慈善思想的赓续。而一些文人士绅虽然在元代地位较低，没有像宋代那样可以在慈善事业中发挥显著的作用，但大体还是能延续两宋士人的慈善传统，兴办一些义庄、义学等慈善机构用以体恤孤疾、救扶贫苦。此外，元代统治者对宗教持开放态度，道、释二教，甚至伊斯兰教和基督教在此时都有所发展，这也使得僧侣教众能更多地参与慈善活动。尤其是佛教的白莲宗在此时相对于慈善活动联系更为紧密，愈发世俗化的特征使其能将慈善之举与社会事务相融合。

三、明清时期的相关思想

元朝末年，吏治腐败，政府横征暴敛、苛捐杂税，于是民变四起，农民起义风卷云涌。1368 年，朱元璋力挫群雄称帝南京，此后挥师北伐，彻底推翻元朝统治，建立起一个新的大一统封建王朝——明朝。以太祖朱元璋、成祖朱棣为主体的统治阶级，在明初实行集权专制，进一步使王权绝对化，并提出了系统的治国方略。其后经几代君主的沿革，治吏安民的政策方针得到进一步完善，在一定程度上也推动了慈善事业的恢复与发展。直至清朝，两代政府都不断有赈灾济贫的措施出台，出现了新的官办机构，民间慈善也重新活跃起来，并将"济贫"作为主要形式。[①]明清时期的慈善思想与相关实践虽然相较宋代仍略为逊色，但总体上也可算作中国传统社会晚期最后的高峰。

明代统治者通过儒家思想进一步控制民众的同时，也使得儒家济世爱民之理念植根社会。明初统治者较为关注民间疾苦，特别是朱元璋，因出身贫寒，对贫弱饥困格外重视。他曾说："天下一家，民犹一体，有不获其所者，当思所以安养之。昔吾在民间，目击其苦。鳏寡孤独、饥寒困踬之徒，常自厌生，恨不即死。吾乱离遇此，心常恻然。故躬提师旅，誓清四海，以同吾一家之安。今代天理物，已十余年，若天下之民有流离失所者，非惟昧朕之

---

① 梁其姿.施善与教化——明清的慈善组织[M].石家庄：河北教育出版社，2001: 12.

93

初志，于代天之工亦不能尽。尔等为辅相，当体朕怀，不可使天下有一夫之不获也。"① 明洪武十八年（1385 年），刘三吾称颂朱元璋威德四方，认为当时天下五谷丰登，民众安泰。但朱元璋则说："天下人民之众，岂能保其皆安。朕为天下主，心常在民，惟恐其失所，故每加询问，未尝一日忘之。"② 可见，此时他能保持着较为清醒的头脑审视天下，也能较为客观地去关注百姓的疾苦。所以，他常颁布一些措施来救危济困，譬如，洪武五年（1372年），诏曰："天下大定，礼仪风俗不可不正。诸遭乱为人奴隶者，复为民；冻馁者，里中富室假贷之；孤寡残疾者，官养之。"③ 又如，洪武八年（1375年）正月"癸酉，命中书省令天下郡县访穷民无告者，月给以衣粮；无依者，给以屋舍"④。再如，洪武十二年（1379 年）正月"乙巳敕谕中书省臣，曰：'今春雨雪经旬不止，严宁之气切骨，朕思昔在寒微，当此之际，衣单食薄，艰苦特甚。今居九重，拥裘衣帛，尚且觉寒若是，其天下孤老衣不蔽体、食不充腹者有之。尔中书令天下有司俱以钞给之，助其薪炭之用。'又敕曰：'连日阴雨，京民中亦有孤贫者，尔中书审其户，凡孤幼户，给盐十五斤；孤寡者户十斤。'"⑤ 事实上，《明实录·明太祖实录》中时常会出现有关朱元璋对鳏寡孤独、贫困不能自存者感同身受，并施以关怀的记载，足见其对此的关注度较高。与此同时，除了临时性的恤贫、哀癃等措施外，洪武年间政府还对此形成一定的制度，如"洪武元年（1368 年）七月庚寅，振恤中原贫民。八月巳卯诏：'鳏寡孤独废疾者，存恤之。'五年（1372 年）五月，诏天下郡县置养济院。……十九年（1386 年）四月甲辰，诏：'鳏寡孤独不能自存者，岁给米六石。'二十二年（1389 年）四月，赐江西、山东、湖广贫民钞。二十三年（1390 年）二月，发河南、山东仓粟振贫民。二十七年（1394

① 夏原吉，等.明实录：卷之九十六[M].台北：历史语言研究所据北平图书馆校印红格钞本微卷影印，1962：1651-1652.

② 夏原吉，等. 明实录·明太祖实录：卷之一百七十四[M]. 台北：历史语言研究所据北平图书馆校印红格钞本微卷影印，1962：2650.

③ 龙文彬.明会要：卷五十一[M].北京：中华书局，1956：950.

④ 夏原吉，等. 明实录·明太祖实录：卷之九十六[M]. 台北：历史语言研究所据北平图书馆校印红格钞本微卷影印，1962：1651.

⑤ 夏原吉，等. 明实录·明太祖实录：卷之一百二十二[M]. 台北：历史语言研究所据北平图书馆校印红格钞本微卷影印，1962：1974-1975.

年）正月，发天下预备仓谷，贷贫民"①。

明朝的官办慈善机构及相关活动基本上还是对前朝乃至此前社会相关内容的赓续，几乎没有太大的创新之举。尽管明初太祖朱元璋确有心系贫困百姓之念，然在官办慈善机构方面也只是保留了"养济院""惠民药局"及"漏泽园"。而"养济院的原意也并非如宋代的收容所有贫病之人，而主要是收养老人，所以在明开国时曾一度称为'孤老院'"②。可见，明初的这些举措无非是对敬老、恤老等相关伦理思想的重申而已。当然总的来看，"养济院"作为重要的慈善机构，其在政府职能方面还是发挥了一定作用的。如明惠宗"建文元年（1399 年）二月，诏：'鳏寡孤独贫无告者，岁给米三石，令亲戚收养。笃废残疾者，收养济院，例支衣粮。'"③ 又如，明宣宗"宣德元年（1426 年）十一月，谕顺天府尹，加意孤穷，悉收入养济院"④。再如，明英宗"天顺元年（1457 年），令收养贫民，于大兴、宛平二县各设养济院一所，日给二餐"⑤。事实上，在永乐年间（1403—1424 年），无论是"养济院"还是"惠民药局"基本在全国范围内都有设立。《明太宗实录》载，永乐十年（1412 年）夏四月癸亥："江西安仁县知县曹闰奏：'天下府州县俱有惠民药局、养济院，而本县久废，请复开设。'从之。"⑥ 而明代的"惠民药局"在朱元璋治下"主要是施药给军旅的贫户"⑦。《明史》载："洪武三年（1370 年），置惠民药局，府设提领，州县设官医。凡军民之贫病者，给之医药。"⑧ 后"惠民药局"成为"明代地方基层政权的常设机构，负责特殊时期对贫病者的医疗救助"⑨。除此之外，"漏泽园"也是与前二者相似的慈善机构，由政府设立，用

---

① 龙文彬.明会要：卷五十一[M].北京：中华书局，1956：959.

② 梁其姿.施善与教化——明清的慈善组织[M].石家庄：河北教育出版社，2001：44.

③ 龙文彬.明会要：卷五十一[M].北京：中华书局，1956：959.

④ 龙文彬.明会要：卷五十一[M].北京：中华书局，1956：959.

⑤ 龙文彬.明会要：卷五十一[M].北京：中华书局，1956：960.

⑥ 杨士奇，等.明实录·明太宗实录：卷之一百二十七[M].台北：历史语言研究所据北平图书馆校印红格钞本微卷影印，1962：1585.

⑦ 梁其姿.施善与教化——明清的慈善组织[M].石家庄：河北教育出版社，2001：44.

⑧ 张廷玉，等.明史：卷七十四[M].北京：中华书局，1974：1813.

⑨ 曹锦云.简论明代的社会救济制度[J].晋中学院学报，2010(01)：97.

以救助苦难，埋葬贫民，亦即"义冢"。《明史》载："初，太祖设养济院收无告者，月给粮。设漏泽园葬贫民。天下府州县立义冢。"①

至明中后期，由于官办济贫慈善机构愈发腐败，政府又在相关整治方面缺乏长效机制，加之灾害频发，故民间慈善救助逐渐兴盛起来。邓拓先生曾说："明代共历二百七十六年，而灾害之烦，则竟达一千零一十一次之多，是诚旷古未有之记录也。"②此时国家慈善救助的行政效率每况愈下，但商品经济的发展却催生了一批诸如徽商、晋商等地域性商业集团，他们逐渐成为民间慈善力量的重要成员。除了这些富甲一方的商贾外，社会道德意识对行善义举的推崇，以及像《立命篇》《自知录》等"善书"的刊行与推广，也使得越来越多的士人、望族等社会精英投身于慈善事业之中。"以致明末出现善会风行、善堂林立的可喜景象。慈善思想的进步与深入为民间慈善事业的发展在社会舆论上提供了强有力的支持。"③像明末最具代表性的民间慈善机构"同善会"便值得一提。

"同善会"最早大约于万历年间（1572—1620年）由杨东明所创，初时主要是模仿佛教"放生会"的传统，后历经二十余年，在江南地区被士人、退隐官僚等所承继并推广，并继而形成一种社会风气。"明亡以前江浙地区有同善会事迹的至少有武进、无锡、昆山、嘉善、太仓等地，日本学者夫马进更指出同善会遍布福建、山东、河南、江西各省。"④"同善会"重视道德说教，以广济贫疾为主，像高攀龙的无锡"同善会"以及陈正龙的嘉善"同善会"便是如此。除"同善会"以外，明代民间济贫救困的形式还有地方乡绅设立的一些慈善会馆，具有一定的地缘性质，以"筹乡谊，萃善举为宗旨"⑤，如万历时期山西官商在北京设置的"山右会馆"等。当然，明代宗族救助依然兴盛，很多名门望族都相继设立族田义庄以接济和扶助本族之贫困

---

① 张廷玉，等.明史：卷七十七[M].北京：中华书局，1974：1880.
② 邓云特.中国救荒史[M].北京：商务印书馆，1993：30.
③ 曹锦云.简论明代的社会救济制度[J].晋中学院学报，2010(1)：97.
④ 梁其姿.施善与教化——明清的慈善组织[M].石家庄：河北教育出版社，2001：51.
⑤ 曹锦云.简论明代的社会救济制度[J].晋中学院学报，2010(1)：98.

96

成员，如申时行就曾建立"申氏义庄"。另外，"义仓"制度至明中晚期，逐渐开始从政府主导转变为社会力量共同参与的方式，嘉靖年间（1522—1566年）政府就鼓励民间力量积极设立"义仓"。而时值灾荒之际，地方上的名门大户或富商巨贾还会通过类似于减粜^①、平粜^②的方式平抑物价，并会以民间借贷的方式救济灾贫。

明末北方满族勃兴，在各种社会矛盾的交织下，清军入关，逐鹿中原。不久，大顺、大西、南明等政权相继败亡，大清一统江山，成为中国传统社会最后一个统一的封建王朝。入关后，清政府十分忌惮文人结社，对此明令禁止。但前所提及的一些如"同善会"这类慈善机构在明末得以发展的很重要一部分原因便是文人行善举的价值认识使然。而清政府的举措在一定程度上限制了"同善会"的进一步发展。尽管如此，无论就官方层面还是民间力量而言，清代总体慈善事业及相关思想还是对明代旧制的承继与进一步发展。

"义仓"制便始于隋开皇五年（公元585年），《清史稿》载："其社义各仓，起于康熙十八年（1679年）。户部题准乡村立社仓，市镇立义仓，公举本乡之人，出陈易新。春日借贷，秋收偿还，每石取息一斗，岁底州县将数目呈详上司报部。"^③此后，清代"其由省会至府、州、县，俱建常平仓，或兼设裕备仓。乡村设社仓，市镇设义仓，东三省设旗仓，近边设营仓，濒海设盐义仓，或以便民，或以给军"^④，基本建立起仓储制度。与此同时，清初期对济贫、恤老、扶助弱疾也较为重视，如顺治元年（1644年）冬十月甲子，下诏曰："丁银原有定额，年来生齿凋耗，版籍日削，孤贫老弱，尽苦追呼，有司查覈，老幼废疾，并与豁免。军民年七十以上者，许一丁侍养，免其徭役；八十以上者，给与绢酺米肉；有德行著闻者，给与冠带；鳏

---

① 即荒年时，米价上涨，国家将常平仓粮米减价出售。

② 即国家在丰收时用平价买进谷物，以待荒年卖出。

③ 赵尔巽. 清史稿：卷一百二十一[M]. 北京：中华书局，1976：3559.

④ 赵尔巽. 清史稿：卷一百二十一[M]. 北京：中华书局，1976：3553.

寡孤独、废疾不能自存者，官与给养。"① 于是，明代的"养济院""惠民药局""漏泽园"等制度也都相继赓续，并在全国范围内设立。而清代又新创"栖流所"之制以恤贫民，顺治十年（1653 年）朝廷准议设置"栖流所"，"于是京师五城先后设立了栖流所六处；西城两处，其余四城各一处"②。康熙也于二十五年（1686 年）"三月戊午，命修栖流所"③。嘉庆二十三年（1818 年），广西巡抚赵慎畛"乃于桂林设预备仓，增设书院，柳州、庆远、思恩三府皆创设之；缮城濬河，广置栖流所，并取给焉"④。此后"栖流所"便于全国范围内普及。有学者统计，有清一代"栖流所共 331 个，1850 年以前建立者有239 个，1850 年后建立者有 92 个，最早建立者在 1702 年于河北广平磁州"⑤。

与前代相似，民间力量在清代的慈善事业中也占据着重要的地位。其性质多为民办或宗教性的机构，资金渠道多样，涉及政府、士绅、商贾、百姓出资等，救济的范围较广，内容较为丰富，有体恤鳏寡孤独及贫困不能自存者，有恤老、慈幼、哀癃等，手段则有义学、义庄、义冢、施衣、施药、施棺等等。而常见的机构名称有"育婴堂、清节堂、普济堂、义庄、药局、施棺所、惜字会等"⑥。"育婴堂"则是清代具有长期性、广泛性的慈善机构，且一般被认为是在清代最早产生的民间慈善形式。康熙年间便有相关记载，如，康熙四十五年（1706 年）"三月庚申，上御经筵。辛巳，赐施云锦等二百八十九人进士及第出身有差。诏直省建育婴堂"⑦。雍正年间（1723—1735 年）政府诏令全国推广，且由于"育婴堂"多由商人而非文人推动，故此政治性色彩较弱，相较于其他民间慈善机构而言，数量最多、普及最广。其目标比明代的"同善会"更为单纯和直接，即"拯救弃婴及雇用贫家乳妇，间接也救济了贫家产妇"⑧。除"育婴堂"外，"普济堂"也是此时重要的慈善

---

① 赵尔巽. 清史稿：卷四[M]. 北京：中华书局，1976: 89-90.

② 岑大利. 清代慈善机构述论[J]. 历史档案，1998(1): 79.

③ 赵尔巽. 清史稿：卷七[M]. 北京：中华书局，1976: 219.

④ 赵尔巽. 清史稿：卷三百七十九[M]. 北京：中华书局，1976: 11600.

⑤ 梁其姿. 施善与教化——明清的慈善组织[M]. 石家庄：河北教育出版社，2001: 328-329.

⑥ 徐道稳. 清代社会救济制度初探[J]. 长沙民政职业技术学院学报，2004(2): 14.

⑦ 赵尔巽. 清史稿：卷八[M]. 北京：中华书局，1976: 269.

⑧ 梁其姿. 施善与教化——明清的慈善组织[M]. 石家庄：河北教育出版社，2001: 101.

力量。清初民间已开始出现"施药局",沿江地区还有"救生局",并出现了与官办"养济院"性质相当的"普济堂",专事收养贫困无依的老人。此后,"普济堂"对于贫疾之人在施药、食宿及丧葬方面多有帮助。于是它便和"育婴堂"一起受到政府的重视,并由政府介入积极推广,继而成为官办"养济院"的重要补充。至于"惜字会"本是敬惜有字弃纸,并妥善处置的组织,与慈善关系不大。但由于惜重字纸与当时士子文人的及第思想有关,且诸如明代颜廷表所编的《丹桂籍》等善书中,又将中举及第与积德行善相联系,使得众多士子产生多行慈善便能蟾宫折桂的思想意识,因而至清中后期,"惜字会"便发展出兼具接济贫疾的功能,故亦被视为此时的民间慈善机构。而"清节堂"则主要是扶助救济贫困节妇,尤其是儒生寡妇的组织。其局限性在于将当时社会身份比较低微的娼妓、婢女等完全拒之门外,事实上还是以宣扬贞节烈女的封建道德观为主要目的。然而,慈善思想与相关实践毕竟与国力强盛关系密切。清朝末年,国家危难,政府慈善救助的职能江河日下,民间慈善也颇具颓势。清末著名慈善家经元善喟叹道:"各行省善堂,有名无实者甚多,即名实相副,其功德所被亦殊不广耳。"[1]与此同时,西方思潮及基督教慈善思想的涌入也将新的慈善理念与实践带入中国。清末民初之际,与传统慈善机构式微形成对比的是一些新式慈善机构的应运而生。譬如,光绪三年(1877 年),郑观应与经元善、谢家福、严作霖等创办类似西方"赈灾委员会"性质的"筹赈公所",以赈济灾荒;南通张謇 1916 年创办了中国第一所关爱残疾人士的现代特殊教育学校——狼山盲哑学校等。

　　总之,明清两代在传统慈善救助思想的影响下,不断完善和发展济贫救困的理论基础和实践形式,也反映出中国反贫困思想的一脉相承之性质,为后世关怀贫困群体的理念奠定了重要的基础。

---

[1]　虞和平. 经元善集[M]. 武汉:华中师范大学出版社, 1988: 246.

第四节 西方社会的相关思想溯源

冯友兰先生说："所谓善恶，即是所谓好坏。"[1] 趋善避恶已然成为人类社会普世的道德认识。古今中外所有的社会类型从总体的发展和社会意识角度而言，皆将"向善""扬善""为善"作为人们的美德。不仅在中国，西方也视那些扶危济困、救急互助和乐善好施的思想与实践为一种"善"的事业而倍加推崇。尽管文化背景和社会发展不尽相同，但无论是中国"仁爱"的儒家慈善思想，抑或是西方以"博爱"为核心的慈善文化，归根结底都是劝人向善、与人为善的人文关怀，是对优良道德价值的不断求索。

一、古希腊罗马时期的相关思想

有学者提出："西方公益慈善伦理思想源于两大历史传统：一是城邦公益慈善传统——古希腊罗马共同体主义精神；二是宗教慈善公益传统——基督教公益慈善精神。"[2] 的确，西方慈善思想与文化的渊源至少可以追溯至古希腊罗马时期。当时的神话体系中就有着诸如普罗米修斯（Prometheus）为人类盗火而饱受恶鹰啄噬肝脏之苦等这类与"普世价值"有关的传说故事。其从一个侧面也展现出彼时社会意识对优良道德价值的追求，同时也与古希腊罗马时期的哲学思想有着千丝万缕的联系。尽管有学者通过对古希腊神话体系的分析得出当时社会主流认识有三个特点——"强者崇拜""计利行事""笃信命运"[3]，进而认为"古希腊主流社会观念与慈善观念存在着内在的

---

① 冯友兰. 新理学[M]. 北京：生活·读书·新知三联书店，2007: 90.
② 王银春. 慈善伦理引论[M]. 上海：上海交通大学出版社，2015: 61.
③ 阎耀辉，苗青. 慈善不是古希腊的主流社会观念——基于对古希腊神话的分析[J]. 黑龙江史志，2013(19): 66-67.

冲突性，慈善并不是古希腊的主流的社会观念"①。但也有学者则主张古希腊神话与哲学所折射出的慈善思想"与至今仍占据西方社会主体地位的基督教思想一脉相承，加之科技革命所带来的理性主义思想、现代的社会学思想等，构成了西方慈善的理论体系"②。姑且不论孰对孰错，至少有一点是肯定的，即古希腊罗马时期对"善"的道德价值认识是存在的，且亦进一步影响了慈善伦理的思想观念。

苏格拉底（Socrates）很早就提出过一个著名的命题："德性就是知识，或美德即知识。"③"美德即知识"的革命性意义在于它将人的理性置于德性。苏格拉底一生都在追求生命的崇高和至善，他说："面对死亡，大家应该充满希望，一个善良的人，不论是活着还是死亡，都不会有东西伤害他。"④"在苏格拉底看来，追求善的美丽，实现至善的真谛应该是生活与生命最圆满的结局。"⑤可以说，理解和追问"善"的本质是苏格拉底提出道德意义的前提，也是其道德辩论的终极目标。在苏格拉底的学生柏拉图（Plato）所著的《理想国》中，我们便能看到这样的理性思辨：格劳孔（Glaukon）与苏格拉底对话，谈到"善"的三个维度：其一是"有那么一种善，我们乐意要它，只是要它本身，而不是要它的后果。比方欢乐和无害的娱乐，它们并没有什么后果，不过快乐而已"⑥；其二是"另外还有一种善，我们之所以爱它既为了它本身，又为了它的后果。比如明白事理、视力好、身体健康"⑦；其三是"你见到第三种善没有？例如体育锻炼啦，害了病要求医，因此就有医术啦，总的说，就是赚钱之术，都属这一类。说起来这些事可算是苦事，但是有利可得，我们爱它们并不是为了它们本身，而是为了报酬和其他种种随之而来的利益"⑧，随之引出格劳孔提出"正义"属于第三类"善"的观点，但并未得到

---

① 阎耀辉，苗青.慈善不是古希腊的主流社会观念——基于对古希腊神话的分析[J].黑龙江史志，2013(19): 67.

② 张时骏.西方慈善文化的主要渊源[J].赤峰学院学报（汉文哲学社会科学版），2016(3): 168.

③ 苏格拉底.苏格拉底的教化哲学[M].长春：吉林出版集团有限责任公司，2013: 247.

④ 汉默顿.思想的盛宴：一口气读完100部西方思想经典[M].吴琼，等译.贵阳：贵州教育出版社，2010: 39.

⑤ 黄珊妹.苏格拉底至善论及其当代价值[J].文教资料，2018(14): 55.

⑥ 柏拉图.理想国：第二卷[M].郭斌和，张竹明，译.北京：商务印书馆，1986: 44.

⑦ 柏拉图.理想国：第二卷[M].郭斌和，张竹明，译.北京：商务印书馆，1986: 44.

⑧ 柏拉图.理想国：第二卷[M].郭斌和，张竹明，译.北京：商务印书馆，1986: 44.

苏格拉底的认同。后者认为："正义属于最好的一种。一个人要想快乐，就得爱它——既因为它的本身，又因为它的后果。"① 在苏格拉底眼中，"善"与"智慧"同一，"正义"也属于智慧。而有智慧的人就会去做美好的事情，并且会自制，由自制而达到自由的境遇。可见苏格拉底的"善"显然体现了"人作为主体而存在的智慧的、自主自由的本质"②。再进一步说，对于苏格拉底而言，追求"善"的人是幸福的，幸福与德性关系密切，而这不仅只是关乎个体的问题，最主要的是对于整个城邦的"善"及幸福意义重大。

苏格拉底的思想对柏拉图产生了一定的影响，因此后者选择"善"和"正当"作为维系城邦共同体生活的精神价值与基本准则。不妨说，柏拉图关注更多的是道德城邦的实现，也就是城邦的道德价值。并且，他认为国家的"善"和个体的"善"是同一的，他借苏格拉底之口说道："个人的智慧和国家的智慧是同一智慧，使个人得到智慧之名的品质和使国家得到智慧之名的品质是同一品质……个人的勇敢和国家的勇敢是同一勇敢，使个人得到勇敢之名的品质和使国家得到勇敢之名的品质是同一品质，并且在其他所有美德方面个人和国家也都有这种关系。"③ 因此，他认为城邦的灾难归根结底是"私有制"及私有观念，"财富是奢侈放纵的父母，穷困是卑鄙龌龊的双亲"④。只有当贫富悬殊不那么大才有可能实现"公道"和"正义"，所以他主张实行禁欲主义式的"共产制"。尽管这在当时现实社会中是不可能实现的，但有学者认为这样的思想"可视为现代慈善精神之发轫"⑤。

而亚里士多德（Aristotle）虽然是柏拉图的学生，但却在城邦共同主义精神方面有着自己的见解和观念，在一定程度上与其老师的思想有所别异。他主张城邦的"善"要高于个人的"善"，他说："尽管这种善于个人和于城邦是同样的，城邦的善却是所要获得和保持的更重要、更完满的善。因为，为

① 柏拉图. 理想国：第二卷[M]. 郭斌和，张竹明，译. 北京：商务印书馆，1986：45.
② 马婷，肖祥. 从苏格拉底的"善生"理想看和谐社会公民道德生态建设[J]. 经济与社会发展，2010(5)：42.
③ 柏拉图. 理想国：第二卷[M]. 郭斌和，张竹明，译. 北京：商务印书馆，1986：168.
④ 陈红霞. 社会福利思想[M]. 北京：社会科学文献出版社，2002：61.
⑤ 王银春. 慈善伦理引论[M]. 上海：上海交通大学出版社，2015：62.

一个人获得这种善诚然可喜，为一个城邦获得这种善则更高尚 [高贵]，更神圣。"① 亚里士多德的言外之意是当城邦共同体的 "善" 与个体的 "善" 产生冲突的时候，后者的 "善" 显然要屈从于前者的 "善"，这便是所谓的城邦的本性优先于个体。他在《政治学》中先是认为："人类所不同于其他动物的特性就在（于）他对善恶和是否合乎正义以及其他类似的观念的辨认 [这些都由言语为之互相传达]，而家庭和城邦的结合正是这类义理的结合。"② 紧接着，他强调："城邦 [虽在发生程序上后于个人和家庭]，在本性上则先于个人和家庭。就本性来说，全体必然先于部分。"③ 也正因如此，他提出了与慈善伦理相关的主张，即 "我们确认自然生成的城邦先于个人，就因为 [个人只是城邦的组成部分] 每个隔离的人都不足以自给其生活，必须共同集合于城邦这个整体 [才能大家满足其需要]。凡隔离而自外于城邦之人——或是为世俗所鄙弃而无法获得人类社会组合的便利，或因高傲自满而鄙弃世俗的组合的人——他如果不是一只野兽，那就是一位神祇。……城邦以正义为原则。由正义衍生的礼法，可凭以判断 [人间的] 是非曲直，正义恰正是树立社会秩序的基础"④。由此可见，亚里士多德强调了城邦作为公民整体或组合，对于人们社会生活的意义。这也从一个侧面反映出如果公民遭遇贫困或危难，只有城邦的 "善" 或 "正义" 可以伸出援助之手。再进一步从个体的公民角度来说，作为城邦的一分子，也因为城邦的 "善" 而 "善"，为城邦的福祉履行自身的义务和责任，其中就包括了慈善之义举。这也正好符合亚里士多德所说 "一切社会团体的建立，其目的总是完成某些善业——所有人类的每一种作为，在他们看来，其本意总是在求取某一善果"⑤ 之观点。并且，亚里士多德谓之 "善" 的境界是对人类美好与幸福生活的追求，其中 "德性" 是关键要素，或必要前提。他主张："社会公益事业要以善德教育为基础，以

---

① 亚里士多德. 尼各马可伦理学：第一卷[M]. 廖申白，译注. 北京：商务印书馆，2003: 6.
② 亚里士多德. 政治学：卷（Ａ）一[M]. 吴寿彭，译. 北京：商务印书馆，1983: 8.
③ 亚里士多德. 政治学：卷（Ａ）一[M]. 北京：商务印书馆，1983: 8-9.
④ 亚里士多德. 政治学：卷（Ａ）一[M]. 北京：商务印书馆，1983: 9.
⑤ 亚里士多德. 政治学：卷（Ａ）一[M]. 北京：商务印书馆，1983: 3.

公民的幸福生活和城邦的公共利益为目标，在维护奴隶制度的前提之下，通过全面系统的改良，把公民引入幸福生活的境界，促进城邦的共同繁荣和维护其共同利益。"① 与此同时，在亚里士多德的慈善伦理观中，"慷慨"是非常重要的德性，他说："德性是在于行善而不是受到善的对待，在于举止高尚[高贵]而不只是避免做卑贱的事情。而行善和举止高尚[高贵]也就是给予，受到善的对待和不做卑贱的事也就是接受。"② 因此，"在所有有德行的人中间，慷慨的人似乎最受欢迎。因为，他们对他人有助益，而他们的益处就在于他们的给予。……慷慨的人，也像其他有德性的人一样，是为高尚[高贵]的事而给予"③。这一思想对西方后世慈善观的影响深远，以至于19世纪美国著名哲学家亨利·戴维·梭罗（Henry David Thoreau，1817—862）也说："慈善事业几乎是唯一能得到人类充分赞赏的美德。"④

而古罗马时期的西塞罗（Marcus Tullius Cicero）不仅是当时最具才华的政治家、雄辩家和哲学家，而且对西方慈善伦理思想的发展贡献卓著，其理念甚至至今仍影响着现代的慈善伦理观。他曾在《论责任》中勾勒出"道德的善"，提出"一切有德的事"都出于四种来源的观点，而其中一种便是"保持一个有组织的社会，使每个人都负有其应尽的责任，忠实地履行其所承担的义务"⑤。西塞罗认为，责任或义务的产生实际是"自然"依靠理性的力量，把人联系在一起，向人灌输着爱，并且"还敦促人们合群聚居，组织并亲自参加公共集会；因此，她进一步要求男人努力提供大量的物品，以便满足自己的需要，使自己生活得舒适——这不仅是为了他们自己，而且是为了他们的妻子儿女，以及他们所宠爱的和应当赡养的其他人"⑥。从某种意义上看，西塞罗认为包括爱和给予的责任与义务实则都是"自然"所制定的原

① 戚小村.论西方公益伦理思想的两大历史传统[J].湖南科技大学学报（社会科学版），2006(4): 44.
② 亚里士多德.尼各马可伦理学：第四卷[M].廖申白，译注.北京：商务印书馆，2003: 97.
③ 亚里士多德.尼各马可伦理学：第四卷[M].廖申白，译注.北京：商务印书馆，2003: 97.
④ Wulfson M. The Ethics of Corporate Social Responsibility and Philanthropic Venturesl[J]. Journal of Business Ethics，2001(1): 141.
⑤ 西塞罗.论责任；论老年 论友谊 论责任：第一卷[M].徐奕春，译.北京：商务印书馆，2003: 96.
⑥ 西塞罗.论责任；论老年 论友谊 论责任：第一卷[M].徐奕春，译.北京：商务印书馆，2003: 95.

则。换言之，慈善在他那便成为合乎理性与"自然"法的道德行为。也正因如此，西塞罗便将"仁慈"与"慷慨"视为"没有什么比它们更能体现人性中最美好的东西"①。但与此同时，他也阐述了在施"仁慈"与"慷慨"之善时的几点原则，即"首先，我们应当注意，我们的善行既不可对我们的施惠对象也不可对其他人带来伤害；其次，不能超越自己的财力；最后，必须与受惠者本身值得施惠的程度相称，因为这是公正的基础，而公正是衡量一切善行的标准。有些人将一种有害的恩惠施与某个他们似乎想要去帮助的人，他们不能算是慷慨的施主，而是危险的谄媚者"②。这一观点不仅对形成符合优良道德价值的慈善伦理观具有指导作用，还对本研究之前思考有关设计行为主体与贫困主体的相互关系以及二者在开展相关活动中所应注意的事项方面也产生了重要的影响。非但如是，西塞罗还提出"我们应当为那些最爱我们的人做最多的事情；但是我们不应当像小孩子那样以情感的炽热程度，而是应当以情感的强韧和持久性来衡量情感"③这一观点，也与我们强调设计行为主体对待贫困主体及相关设计活动时所应秉持的态度有关。在《论责任》中，西塞罗还以诗人昆图斯·恩尼乌斯（Quintus Ennius）的诗句——"好心地为迷路者带路的人，就好像用自己的火把点燃他人的火把：他的火把并不会因为点亮了朋友的火把而变得昏暗"④为例，阐明了"即使对于陌生人，也应当慷慨地施以那种只是举手之劳且又利人而不损己的恩惠"⑤的慈善伦理观，从而进一步引出人们都应为公共福利做贡献的道德倡议。此外，西塞罗还明确了"我们应当经常接济那些值得帮助的穷人，但做这种事情也必须慎重和适度"⑥的思想，对于后世"反贫困"的伦理观也不无启迪。当然，囿于时代，他的慈善伦理思想也存在一定的历史局限性。例如他认为慈善是有差等的，

---

① 西塞罗.论责任；论老年 论友谊 论责任：第一卷[M].徐奕春，译.北京：商务印书馆，2003: 110.
② 西塞罗.论责任；论老年 论友谊 论责任：第一卷[M].徐奕春，译.北京：商务印书馆，2003: 110.
③ 西塞罗.论责任；论老年 论友谊 论责任：第一卷[M].徐奕春，译.北京：商务印书馆，2003: 112.
④ 西塞罗.论责任；论老年 论友谊 论责任：第一卷[M].徐奕春，译.北京：商务印书馆，2003: 114.
⑤ 西塞罗.论责任；论老年 论友谊 论责任：第一卷[M].徐奕春，译.北京：商务印书馆，2003: 114.
⑥ 西塞罗.论责任；论老年 论友谊 论责任：第二卷[M].徐奕春，译.北京：商务印书馆，2003: 191.

要按小共同体的本位差序格局安排"善意"①。

二、基督教相关思想溯源

美国著名的哲学家亨利·艾伦·莫（Henry Allen Moe）有一句经典论断，即"宗教乃慈善之母，无论在观念上还是产生过程上皆是如此"②。此名言道出了西方宗教与慈善之间的紧密关系。的确，西方慈善伦理思想在很大程度上受到了宗教思想的浸染与教化，尤其是基督教慈善观，"直接成为西方近现代慈善思想的重要源泉"③。

基督教早期文化主要来源于"两希传统"，即古希伯来文化与古希腊文化，并伴随着西方社会进程的不断演进而逐渐成为其文化思想的重要核心载体，"亦被理解为西方社会发展的'潜在精神力量'"④，同时在发展中完成了由古代世俗主义所谓"philanthropy"的"人类之爱"向后世神圣主义谓之"charity"的"基督之爱"的转型。基督教主张的平等思想较为深刻和绝对化，"认为每个人都是由上帝所创造的，所以每一个人都有上帝创世的目的性和理性在内，生命的价值是相等的，即使每个人出生以来都有着诸如性别、智力、体力的差异，但在灵魂和精神上都是一样的"⑤。也正是基于这一观念，人的行为活动如若符合上帝的意志便可被判断为"善行"，否则便为"恶行"。总的说来，基督教的慈善伦理思想可体现在以下几个方面：

第一，博爱精神。基督教是"爱"的宗教，其核心伦理观便是"爱主与爱人"。基督教最重要也是最大的诫命是要爱天主，其次就是爱人如己。此二者相辅相成，"爱上帝是伦理的基础，因为上帝给人以生命，上帝给人以归宿，上帝是全部存在的基石，所以信仰上帝和爱上帝是人生在世的最基本

① 戚小村. 论西方公益伦理思想的两大历史传统[J]. 湖南科技大学学报（社会科学版），2006(4): 44.

② Agard K A. Leadership in nonprofit organizations: A reference handbook[M].California: SAGE Publications, Inc, 2011: 766.

③ 耿云. 西方国家慈善理念的嬗变[J]. 中国宗教，2011(12): 52.

④ 王银春. 慈善伦理引论[M]. 上海：上海交通大学出版社，2015: 66.

⑤ 张时骏. 西方慈善文化的主要渊源[J]. 赤峰学院学报（汉文哲学社会科学版），2016(3): 170.

信念。爱人是伦理的体现，基督教把'上帝'绝对的'爱'转化为人与人之间的爱，鼓励人们应该不分亲疏地泛爱和互爱，人与人之间不应有仇恨，甚至仇敌也应得到帮助和受到宽恕"①。《新约·马太福音》中载："你们听见有话说：'当爱你的邻居，恨你的仇敌。'只是我告诉你们：要爱你们的仇敌，为那逼迫你们的祷告。这样，就可以作你们天父的儿子。因为他叫日头照好人，也照歹人；降雨给义人，也给不义的人。""爱"是耶稣的命令，他说："我赐给你们一条新命令，乃是叫你们彼此相爱；我怎样爱你们，你们也要怎样相爱。"因此，基督徒会告诫自身必须时刻葆有一颗"爱人"的心、一颗恩慈之心，这也就逐渐形成了"博爱"（fraternity）之精神。

　　第二，救赎精神。基督教教义认为，人都是有"原罪"（original sin）的，靠自身无法解脱。只有上帝的恩典方可拯救人类，并使其得到永生。因此，基督徒往往都心怀"原罪"之感，为了荡涤灵魂深处的罪孽，就必须祈求上帝的宽宥和救赎。显然，"原罪"论是基于"人性本恶"的观念，与中国儒家思想中的"人性本善"形成鲜明的对比。不仅如此，基督耶稣自己就曾用鲜血与生命去为世人赎罪，这一行为也教化基督徒们应该肩负义务和使命去帮助他人洗刷罪孽，此乃一种行善之举，亦是自我救赎的方式之一，使自己的灵魂可在死后进入天堂，由此也"进一步产生了'善行'（goodwork）与'善功'（Merit）的概念，善行即爱上帝和爱人类，善功即为善行的评价和报酬。人因善行而获得善功，从而可以进一步得到上帝的恩典而获得救赎与永生"②。"而慈善活动正是赎罪的一项途径，基督教以博爱为名，以赎罪为义，以慈善为本，在上帝的指引下去为人处世"③，这便催生了中世纪"祈祷堂"（chantry）。它具有教会早期慈善基金性质，是教徒为了解脱炼狱苦期而捐献钱财的一种慈善机构。显而易见，"原罪"与"救赎"成为驱动人们行善积德的内在动力。

　　第三，救贫济困精神。在"博爱"这一核心伦理思想的指引下，基督教

① 王有红. 中西传统慈善文化比较研究[G]//王有红. 慈善理论与实践研究. 武汉：武汉大学出版社，2015: 21-22.

② 王有红. 慈善理论与实践研究[M]. 武汉：武汉大学出版社，2015: 22.

③ 张时骏. 西方慈善文化的主要渊源[J]. 赤峰学院学报（汉文哲学社会科学版），2016(3): 171.

十分看重对诸如穷人、孩童、孤寡、残疾及外邦人等弱势群体和贫困民众的关爱与帮扶。从基督教的教义中不难看出，上帝厌恶贫富差距，于是经常提醒世人要善待穷苦之人，对贫困人群慷慨解囊，把钱财施舍和给予需要帮助的穷人。例如，《旧约·箴言》中就充斥着以下这些表述："你手若有行善的力量，不可推辞，就当向那应得的人施行""戏笑穷人的，是辱没造他的主，幸灾乐祸的，必不免受罚""怜悯贫穷的，就是借给耶和华，他的善行，耶和华必偿还""周济贫穷的，不至缺乏；佯为不见的，必多受咒诅""你当为哑巴（或作'不能自辩的'）开口，为一切孤独的伸冤。你当开口按公义判断，为困苦和穷乏的辩屈"等。不仅如此，在《新约》的四部福音书中，我们也能看到真诚理解穷苦之人的各种记述。此外，基督耶稣的戒律也经常有扶危济困的教导，如"施与每一个讨求者"[①] "不要邀请兄弟或朋友，邀请那些贫困、伤残、跛瘸及失明者"[②] 等。有学者认为："这些教导是一种挑战，以迫使人们达到那种'无限慷慨'（boundless generosity）的境界。"[③]

在以上几种重要的慈善精神感召下，"基督徒们形成了参与慈善公益事业的传统，慈善服务的对象包括各种弱势群体、教会组织所在地区及社区居民、迫切需要帮助或因天灾人祸而急需人道主义援助的特殊群体，服务对象也打破了部门、行业、地域、民族、信仰、性别等的限制"[④]。所以西方社会较早的慈善行为多与基督教有关，欧洲在罗马帝国时期就已经有了以教会为主导而兴办的慈善机构，并随着历史的发展而愈发兴盛。英国于597年出现由教堂赞助的慈善机构，主要负责接收捐赠人的慈善捐赠，并按其慈善目的安排和使用捐赠。并且，英国早期拥有盎格鲁-撒克逊血统的国王甚至给予隶属教会的慈善机构以极大的自主权。可以说，彼时的欧洲社会基本都是大同小异，教会几乎成为当时慈善事业的中介人、主持人和垄断者。教会有权感化或劝说人们实施捐赠，并有权使用和分配捐赠之物，而被救济和帮扶的

---

① 白舍客.基督宗教伦理学：第一卷[M].静也，常宏，等译，雷立柏，校.上海：华东师范大学出版社，2010：26.
② 白舍客.基督宗教伦理学：第一卷[M].静也，常宏，等译，雷立柏，校.上海：华东师范大学出版社，2010：26.
③ 白舍客.基督宗教伦理学：第一卷[M].静也，常宏，等译，雷立柏，校.上海：华东师范大学出版社，2010：26.
④ 耿云.西方国家慈善理念的嬗变[J].中国宗教，2011(12)：52.

人们也大多对教会依附颇深。所以，当时一度因教会的膨胀而在慈善机构的管理问题上形成了王权与教权相争的局面。

尽管如此，从总体角度而言，基督教的慈善传统思想对于当时的社会而言确实具有一定的积极意义，这主要体现在两个方面。

第一，能促进平等，传播互助理念。

不难察觉，基督教共同体并非强调孤立的伦理生活，而是要求教众信徒应根据同一精神而团结一体，并通过"博爱"精神的构建来统摄和凝聚人心，以上帝之名济贫扶困，互爱互助。《新约·哥林多前书》中载："就如身子是一个，却有许多肢体；而且肢体虽多，仍是一个身子。基督也是这样。我们不拘是犹太人，是希腊人，是为奴的，是自主的，都从一位圣灵受洗，成了一个身体，饮于一位圣灵。……你们就是基督的身子，并且各自作肢体。"[①] 可以说，基督徒们"个人不是为自己而存在，而是身体的一部分，如一只手或一只脚，成为对身体有用的人是他的责任"[②]。也正因如此，他们必须"凡事谦虚、温柔、忍耐，用爱心互相宽容，用和平彼此联络，竭力保守圣灵所赐合而为一的心"[③]。

第二，能在一定程度上安抚和宽慰人心，构建和谐秩序。

在《新约·马太福音》中，基督耶稣描述了这样的理想世界："虚心的人有福了，因为天国是他们的。哀恸的人有福了，因为他们必得安慰。温柔的人有福了，因为他们必承受地土。饥渴慕义的人有福了，因为他们必得饱足。怜恤人的人有福了，因为他们必蒙怜恤。清心的人有福了，因为他们必得见神。使人和睦的人有福了，因为他们必称为神的儿子。为义受逼迫的人有福了，因为天国是他们的。"[④] 从耶稣的描绘中，我们很容易理解基督教义对于人们心灵的慰藉作用，它使人们构筑了对精神世界的守望，因为只要你有"善行"，最终必得"善功"。但与此同时，这也从客观上激励人们从内心

---

① 杨黎君.新旧约全书[M].上海：圣经公会出版社，1944：224-225.

② 白舍客.基督宗教伦理学：第一卷[M].静也，常宏，等译，雷立柏，校.上海：华东师范大学出版社，2010：60.

③ 杨黎君.新旧约全书[M].上海：圣经公会出版社，1944：253.

④ 杨黎君.新旧约全书[M].上海：圣经公会出版社，1944：4-5.

产生对怜悯弱小、扶危济困、恪守正义等道德意识与价值的追求，从而在一定程度上推动和谐秩序的构建。

　　总之，基督教的慈善思想无论是"人类之爱"抑或"基督之爱"都是对人的尊严、责任或义务的强调，是道德价值和相关实践相结合的产物，极具慈善伦理之意蕴。《圣经》的教义非常强调慈善精神，尤其会不时教化人们应周急救穷、关爱贫困。这也和基督教的伦理观相一致，因为基督教对待尘世财产的普遍目的便是："一个人不仅应当将其合法财产看作是自己的，也应当看作是公共财产的一部分。在此意义上，财产不能仅仅用来增加自身的利益，而且也应该用来增加他人的利益。"① 千百年来，基督教的伦理思想认为，人们有重大而庄严的义务去与贫困者分享财物以及资助穷人。显而易见，这对现代社会"关怀贫困群体"的思想和实践也有着重要和深远的影响。

---

① 白舍客. 基督宗教伦理学：第一卷[M]. 静也，常宏，等译，雷立柏，校. 上海：华东师范大学出版社，2010：730.

CHAPTER 4

第四章

设计关怀偏远地区人群的伦理学探赜

不管是从行为活动本身，抑或是从传统思想溯源的角度来看，"设计关怀偏远地区人群"的命题似乎都在传递着与道德价值有关的信息。然而，诚如本研究曾多番提及的那样，时至今日其相关实践活动及理论研究仍处于初级阶段，甚至可谓量小力微，尤其是对它道德价值的探赜索隐更是寥寥无几。究其根本，造成这一现状的原因实为人们对该行为活动的价值认识不足。众所周知，价值及价值关系具有客观性，是行为活动或客观事象所固有的存在。但价值认识则隶属主观界限，受制于认知水平、方法、立场、生理、心理等因素的影响。而事实上，对"设计关怀偏远地区人群"的价值认识，特别是道德价值认识的理论则需要借助伦理学的理论与方法来加以探究。从前文的论析中已不难发现，缺乏伦理学的指导，"设计关怀偏远地区人群"的相关活动极易流于表面或陷入误区。故而，本研究的重点之一便是以设计伦理的视角来叩问相关行为活动在道德范畴内的原理与规律，以便为其具体践行提供理论依据和参考。

第一节　相关活动的道德价值剖判

从古希腊的哲学发端至 19 世纪之前，传统的哲学观普遍认为世界无非分为两大范畴，即客观世界与主观世界。但是这样的认识在 19 世纪下半叶

开始出现转向，人们发现在此两类世界之间或者之外似乎还存在着另一个王
国，即"价值"的世界。于是，"价值哲学"（Philosophy of Value）也由德国
新康德主义的弗莱堡学派创始人威廉·文德尔班（Wilhelm Windelband）率
先使用，此后逐渐成为哲学研究的一个重要分支。西方各学派对"价值"的
定义不下几十种，人们对它的理解与分析也有着不同的倾向，涉及"心理主
义""物理主义""关系论""意义论"① 等多种视角。例如德国哲学家海因里
希·约翰·李凯尔特（Heinrich John Rickert）就曾说道："价值绝不是现实，既
不是物理现实，也不是心理现实。价值的实质在于它的有效性（Geltung），
而不是在于它的实际的实事性（Tatsächlichkeit）。"② 在他看来，客观上不存在
价值，它只不过具有一种抽象、先验的意义。而马克思则认为："'价值'这
个普遍的概念是从人们对待满足他们需要的外界物的关系中产生的"③ "具有
满足人的需要的属性的外界物是价值客体，有需要以及需要意识，对于外界
物能否满足自身需要进行认知、评价、选择、创造、享有的人，则是价值主
体"④。显然，马克思主义的"价值"哲学是基于辩证唯物主义的原则分析。而
"价值"的范围则涉及道德、政治、法律、文化等等领域。不妨说，"几乎所
有人类行为都有一个价值选择和价值取向的问题"⑤。毋庸置疑，设计行为也
概莫能外。因此，本研究便从设计的价值分析着手，进一步推导"设计关怀
偏远地区人群"的道德价值判断。

一、设计价值的维度

"价值"从一般意义上来说，与英文对译的词应该是"value"，法文则是
"valeur"，德文为"wert"，俄文是"ценность"。"'价值'一词与古代梵文的

---

① 张书琛. 西方价值哲学思想简史[M]. 北京：当代中国出版社，1998: 214-216.

② H.李凯尔特. 文化科学和自然科学[M]. 涂纪亮，译，杜任之，校. 北京：商务印书馆，1991: 78.

③ 中共中央马克思恩格斯列宁斯大林著作编译局. 马克思恩格斯全集：第十九卷[M]. 北京：人民出版社，1963: 406.

④ 杨信礼. 马克思主义价值论与当代中国价值观的建构[J]. 山东社会科学，2008(2): 7.

⑤ 潘洪林. 科技理性与价值理性[M]. 北京：中央编译出版社，2007: 40.

拉丁文中的'掩盖、保护、加固'词义有渊源关系，由它派生出'尊敬、敬仰、喜爱'等意思，并形成'价值'一词的'起掩护和保护作用的，可珍贵的，可尊重的，可重视的'基本含义。"[1] 在《现代汉语大词典》中，"价值"被解释为："1. 指体现在商品中的社会劳动。……2. 指积极的作用。"[2] 显而易见，第一种解释实际是隶属经济学范畴的概念；第二种解释则意味着"价值"代表正面的、抽象的有用性，而这样的解释是否全面或合理有待商榷，不过至少它涉及了关乎"效用论"的范畴。

如前所述，历史上各学派对于"价值"的概念都曾有着丰富的阐释。综合各家之言，李德顺先生认为"'价值'是对主客体相互关系的一种主体性描述，它代表着客体主体化过程的性质和程度，即客体的存在、属性和合乎规律的变化与主体尺度相一致、相符合或相接近的性质和程度"[3]。如是概念其实是在学界公认的"效用论"[4] 视角下的廓清。倘若更进一步说明的话，"价值"则"是客体的事实属性对于主体的需要——及其各种转化形态，如欲望、目的、兴趣等——的作用"[5]。再用一句话概括，即"好坏合起来，便构成了所谓的价值概念"[6]。李德顺先生也说："'好'和'坏'合起来，正是包含了正负两种境况的一般'价值'现象。"[7] 换言之，"价值"就不仅仅是客体之于主体"好"或积极的效用，那些"坏"或消极的效用也是"价值"，只不过是一种与"正价值"相对的"负价值"而已。例如，对于想吃某个鸡蛋（或者通过该鸡蛋补充营养）的人们而言，鸡蛋自身的美味及营养能满足这些人的需要，发挥了应有的作用，那么上述的人们就获得了该鸡蛋的"正价值"。但如若此时该鸡蛋是变质腐坏的，上述的人们食用后，它非但不能满足人们的上述需求，反而引起了诸如生病等不良的作用，于是对于上述的人们来

---

① 李庆宗. 在理性与价值之间——走向人类文明的"合题" [M]. 北京：光明日报出版社，2010: 4.

② 阮智富，郭忠新. 现代汉语大词典（上）[M]. 上海：上海辞书出版社，2009: 310.

③ 李德顺. 价值论[M]. 2版. 北京：中国人民大学出版社，2007: 66.

④ 王海明. 新伦理学：上册[M]. 北京：商务印书馆，2008: 157.

⑤ 王海明. 新伦理学：上册[M]. 北京：商务印书馆，2008: 156.

⑥ 王海明. 新伦理学：上册[M]. 北京：商务印书馆，2008: 156.

⑦ 李德顺. 价值论[M]. 2版. 北京：中国人民大学出版社，2007: 13.

说便有了"负价值"。因此从主体尺度出发,不妨说客体满足主体需求的作用,谓之"正价值";客体阻碍主体需求的作用,谓之"负价值"。马克思曾经主张,"从主体方面去理解"[①]世界,而"价值"的概念正好反映出人的主体地位。

至于"设计"来说,它是一种协调人与自然、人与社会、人与人之过程中不可或缺的行为活动,并且,"无论哪一种设计,总会有一个维度处于核心位置,让设计家为之耗尽心血,苦苦追求,这种维度左右这一设计的结构、功能、形式、趣味和精神。而这种关键的维度就是'价值'"[②]。因此,显然不论是设计的行为还是其结果都必然有着一定的价值取向与选择。那么究竟设计的价值为何,却不是一句简单的定义便能尽数囊括的。在"价值论"的研究中,不同的思维方式与理论分析有着相异的价值维度。例如,美国著名哲学家拉尔夫·巴顿·佩里(Ralph Barton Perry)就将人类的社会生活分为八种不同的价值领域,即道德、宗教、艺术、科学、经济、政治、法律及习俗。德国哲学家马克斯·舍勒尔(Max Scheler)由低至高地将价值分成感觉价值、生命价值、精神价值、宗教价值等。而当代美国著名心理学家亚伯拉罕·哈罗德·马斯洛(Abraham Harold Maslow)则从需求的层次划分价值等级。此外,还有其他学者将价值分为两类,即目的价值与手段(工具)价值;或是分为:功利价值、工具价值、内在价值、固有价值和贡献价值等等。

但是,如若基于前所述及"效用论"的视角,从主体与客体的关系方面来考量的话,那么现实的价值实际包括了三个方面的要素:"(1)'什么或谁的价值',即价值客体;(2)'对于谁或什么人的价值',即价值主体;(3)'什么性质的,或适合主体哪一方面尺度的价值',即价值内容。"[③]显然,就"设计"而言,其价值判断也同样包含了此三类要素。因此,我们便可从"客体"与"主体"两个方面去抽绎设计价值的维度。

第一,从"客体"方面划分。

① 中共中央马克思恩格斯列宁斯大林著作编译局. 马克思恩格斯选集:第一卷[M]. 北京:人民出版社,2012:133.

② 李立新. 设计价值论[M]. 北京:中国建筑工业出版社,2011:33.

③ 李德顺. 价值论[M]. 2版. 北京:中国人民大学出版社,2007:96.

在此，"设计"被界定为价值的来源或价值的提供者，也就是价值的客体。结合前述价值判断的三要素，"价值论"视角下一般将从"客体"方面划分的价值又分为三大系列，即"精神文化现象的价值""人的价值"及"物的价值"。第一系列通常是指感性形态和观念形态的精神现象对于作为主体的人的生存发展之意义，如愉快的情绪之于人生理调节的作用等。第二系列则一般是指人作为客体时对于作为主体的人的生存发展之意义，如人的主观能动性对于人类发展的推动作用等。当然，此两类不在本研究讨论范畴之列，故不再赘述。而第三系列"物的价值"则是指"物"或"物"与"物"之间的关系服务于人生存与发展的意义，如杯子具有可以让人盛水饮用的作用等。从这个意义上而言，作为"价值客体"的"设计"，其价值维度便可从"物的价值"角度分析。但必须指出的是，"设计"一词被学界所使用时的情况较为复杂，其实存在着两种内涵：它既是一种行为活动，又是一种活动结果。或者说，它既是设计行为主体达到一定目的的手段与过程，又是达到某种目的时而产生的客观存在之物。譬如，我们从形制、色彩、纹饰、材质等角度去研究青铜器的设计时，此"设计"多数指代的是青铜器作为设计行为结果的属性或作为客观存在之物的属性。而如果我们在分析"设计关怀偏远地区人群"的"设计"时，它往往被更多地置于对设计行为活动的分析上。之所以提及这一点是因为，如果将"设计"视为"价值客体"去划分其价值维度的话，显然只能将其归属于"物的价值"范畴，而其作为一种行为活动的价值便难以被深入剖判。于是在此种划分方式下，就"设计"对主体的人之效用而言，其价值便只能分为"物质价值"与"精神价值"两大维度。需要说明的是，"物质价值"与"物的价值"迥异，前者是指满足人的物质需要，后者则是将价值客体区别于精神现象或人。并且，设计的价值维度也不是指某一具体、特定价值的名称，而是"设计"众多事实上可能之价值的总和。在这样的前提下，上述的"物质价值"便包括设计的实用（功能）价值、生态价值、环境价值、资源价值、材料价值、工艺价值、经济价值等以人类物质生产与生活的必要条件、经济利益为形式的具体价值；而"精神价值"则包括设计的审美价值、科学价值、文化价值等精神领域的具体价值。换言之，"设计"作为行为活动在不同社会领域中所体现的诸如政治价值、宗教价值、道德价值、社会实践价值等内容便难以得到观照。这也是为何长期以来我们只是关注到了设计的实用价值与审美价值之统一，而忽略了其他价值认识的根本原因之一。

第二，从"主体"方面来划分。

也就是说，从主体和主体需要的性质及其被满足的角度来标识对象的价值。需要说明的是，此时的"设计"所应具有的不仅是作为设计行为结果的属性或作为客观存在之物的属性，同时也具有作为一种行为活动的属性。与此同时，因为依据的是主体（被满足者）的形态和层次进行划分，或者说通过价值主体的身份来标识价值，那么有关设计价值维度的视野便开阔了起来，可划分为设计的"个人价值""群体价值""社会价值""人类历史价值"等维度。在此基础上还可以进一步细分，如依据满足主体需要的性质可分为设计的"物质价值"（满足衣食住行用等方面的需求）与"精神价值"（满足理性、情感、知识、意志等方面的需求）；依据主体不同生活领域可分为设计的"经济价值""政治价值""宗教价值""道德价值""审美价值""科学认识价值""社会实践价值"等；依据主体行为活动中所被满足的需求之整体性质与地位，又可分为设计的"目的价值"（如满足设计行为主体创作意志、道德追求的需要）及"工具（手段）价值"（如满足设计接受主体或设计消费主体的功能、情感、认知需要等）。值得一提的是，"设计关怀偏远地区人群"的行为活动研究便是基于这一维度的价值考量。除此之外，依据每种价值所实现的满足主体需要的现实性和程度，还可以分为设计的正价值与负价值、潜在价值与现实价值等。

总之，从"主体"方面划分设计价值的维度有助于精确定位设计的价值构成，能有效地随着社会的发展与认识的深化而形成开放式的价值认识，并且能引导人们关注设计价值主体的本质、需求、能力等内在规定的多样性、全面性和统一性，理解设计作为一种行为活动所展现出的无限可能，不至于像仅从"客体"方面划分价值维度那样，只能囿于对设计"物质价值"与"精神价值"视角的单一解读与诠释。

二、设计的道德价值

早在古希腊时期，希腊语中的"价值学"（Axialogos）就往往指的是与道德或"善"有关的哲学学问。后世的"价值论"（Axiology）亦"是一种哲学理论，是关于价值及其意识的本质、规律的学说，是关于最广义的善或价值的哲学研究"①。就如同前文所说，"好坏合起来，便构成了所谓的价值概念"。"价值哲学"与传统哲学观相异的一个重要特征便是前者所构筑的世界图景往往具有一定的伦理意蕴。"它对所有问题的理解和解答，均带有某种道德的意向和情感在内（当然并不一定就此成为道德评价和判断）"②，并且与现代社会的危机相关联。事实上，现代社会的危机从本质上说都是人的危机，而这又突出地表现在道德危机与道德问题上，特别在社会转型、科技革新、文化空间变迁等语境下更为明显。因为，在整个现实价值的探讨与研究中，道德价值始终处于中心地带，其层次也是最高的。毕竟它是人类本质的内在反映，是对人与自然、社会以及人之间关系、行为与立场的审视和评价，并凭借着定向、调适、抑制、发扬等外在形式而使人的取向与追求符合人类利益共同体的历史目标与历史规定。所以，从这个角度看来，设计的道德价值也是与设计的价值主体息息相关且非常重要的价值类型。

基于"效用论"的视域，设计的道德价值之所以成立必然缘于它也像其他价值那般具备"有用性"这一原理。这主要表现在设计的行为及其结果的事实能产生与满足设计价值主体道德需求有关的作用。而设计的价值主体也并不仅仅囿于"设计行为主体"这一简单的范畴，它还包括在接受、使用和鉴赏设计等过程中的主体。从广义的角度而言，它甚至指所有参与社会生产

---

① 黄厚石.设计批评[M].南京：东南大学出版社，2009: 107.

② 商戈令.道德价值论[M].杭州：浙江人民出版社，1988: 7.

图 4-1　十二章纹

与生活的人，当然这是以设计乃社会发展不可或缺的一项重要活动并业已渗透于衣食住行用等各领域作为前提的。换言之，如是前提下，设计的道德价值便是设计的行为及其结果能产生与满足人们利益共同体的道德需求有关的效用。举例说明，色彩及纹样本是设计之物的事实属性，但当它们符合一定时期人们利益共同体的道德需求并发挥作用时，便具有了道德价值。在中国传统社会里，社会生活的方方面面与点滴之间无不弥漫着等级森严的宗法礼制，设计作为观念

的一种载体更是对此体现得淋漓尽致。像服装的色彩与纹饰便显然与嫡庶有别、尊卑有伦、长幼有序等这些被当时社会视为道德规范的观念相交织。中国历代都有对服装色彩与纹饰的相关规定，尤其是统治阶级的服饰更是不可僭越。如《明史》载，洪武十六年（1383 年），"定衮冕之制。冕，前圆后方，玄表纁里。前后各十二旒，旒五采，玉十二，珠五，采缫十有二就，就相去一寸。红丝组为缨，黈纩充耳，玉簪导。衮，玄衣黄裳，十二章，日、月、星辰、山、龙、华虫六章织于衣，宗彝、藻、火、粉米、黼、黻六章绣于裳。白罗大带，红里。蔽膝随裳色，绣龙、火、山文。玉革带，玉佩。大绶六采，赤、黄、黑、白、缥、绿，小绶三，色同大绶。间施三玉环。白罗中单，黻领，青缘襈。黄袜黄舄，金饰"[①]（如图 4-1 所示）。可见，类似的"衮冕"设计在当时便具有了道德价值。再如现代社会中，设计品的材质使用本也属于事实范畴，然一旦与当下诸如低碳环保、可持续发展等道德观念相联系并发生作用，便也就使设计有了道德价值。

从本质上说，道德价值可谓是设计价值中最高级别的价值类型，它具有统摄其他价值的特性。无论是我们以往将其置于核心地位的实用（功能）价

① 张廷玉，等. 明史：卷六十六[M]. 北京：中华书局，1974: 1615-1616.

值与审美价值，还是其他诸如经济价
值、文化价值、工艺价值等，归根结底
都是在特定历史时期对设计行为及其结
果在道德领域内的判断，或者说是道德
价值的反映。阿道夫·卢斯的"装饰罪
恶"论充斥着极具道德立场与取舍的历
史性审美批判与评价。而即便是貌似与
道德无关的"物以致用"，也有着道德
性约束和限定的内在机制，其"致用"

图 4-2　孟菲斯集团的创始人索特萨斯像

的程度无疑是与道德有关的课题。于
是，在现代主义之后，人们对"功能崇拜"的反思与
批判之声便不绝于耳。孟菲斯集团的创始人埃托·索
特萨斯（Ettore Sottsass）（如图 4-2、图 4-3 所示）就
曾这样说："当你试图规定某种产品的功能之时，功
能就从你的手指缝中漏掉了。因为功能有其自己的生
命。功能并不是比量出来的，它是产品与生活之间一
种可能的关系。"[①]"功能"的适度设计自然也与道德相
关。可见，设计的道德价值一方面是"通过一定道德
关系所确证的道德行为的有效性、合理性与崇高性
（或称神圣性）；另一方面，又是一定社会形态和文化
类型、一定群体和个体所自我确认的价值内容和道德

图 4-3　索特萨斯的作品
"象牙桌"，1985 年（美国
大都会艺术博物馆藏）

本质的实现"[②]。所以，设计的道德价值是对设计行为
及其结果的"好""坏"或"善""恶"进行评价的依据和基础。

　　那么，究竟设计的道德价值具有哪些特征呢？我们可以从如下几个方面
分析。

①　华梅. 世界近现代设计史[M]. 天津：天津人民出版社，2006: 262.

②　商戈令. 道德价值论[M]. 杭州：浙江人民出版社，1988: 71.

首先,设计的道德价值具有历史性特征。

此即是说,不同年代、时期或历史阶段,相同或相似的设计行为及其结果可能有着迥异的道德价值。如上所述,设计的道德价值是对能否满足人们利益共同体的道德需求而产生的效用,但是人们的道德需求在不同的历史时期有不同的内容与形式。换句话说,某些道德需求在此时可能被视为合理的,相应的道德原则或规范也有着与之匹配的设计行为及其结果,从而形成相应的道德价值,但这不意味着它们在彼时也同样合理。譬如上文提及中国传统社会的服饰设计便是如此,当时的道德需求是要在设计中体现封建礼制和宗法等级,故满足了如是需求的设计便具有正价值,反之则具有负价值。然而,现代社会之中传统的宗法与礼制早已土崩瓦解,相应的道德需求也荡然无存,故此,即便今天我们的服饰设计中出现"玄衣黄裳""十二章纹",甚至用龙袍直接作为设计元素的现象也不代表这样的设计依然具有传统社会那样的道德价值。同样地,现代设计中出现众多传统文化的元素,但其承载的道德价值早已与封建时代大相径庭。

其次,设计的道德价值具有社会性特征。

设计的道德价值无疑是一定社会下道德本质的实现,而相关的道德原则、道德规范及道德范畴等都是由一定社会所制定、形成并使其社会成员共同遵从的行为规范系统。在阶级社会中它们多由统治集团掌控,而在民主社会中则多受一定的社会心理及社会意识形态等方面的影响。它们构成了设计道德价值的主要内容与评价体系。而这便解释了设计的道德价值为何与人们利益共同体的道德需求有关的缘由。因为不同的社会,人们利益共同体相异,也必然使得道德需求有所差别,其设计的道德价值自然也随之不同。比方说纹面刺青,从设计学的视角考察,它们属于人体的"固定装饰"①。在一些原始部落里人们将"图腾"或"图腾"符号以纹样的方式绘制或刺、切在身体之上,其目的不仅在于美化——事实上人类最早的图腾装饰甚至都还不曾包含有明确的审美意识,更重要的是它还饱含着一定的道德价值,如与

① 诸葛铠. 设计艺术学十讲[M]. 济南:山东美术出版社,2009:34.

图腾事象相关的道德禁忌或保护崇拜；规范同一
图腾信仰共同体的行为与利益；考验成丁男女果
敢、坚毅的品质；具有准宗教性质的道德教化等。
我们在 1973 年甘肃秦安大地湾出土的人头形器
口彩陶瓶（如图 4-4 所示）上便能看见这样的图
腾纹饰。张朋川先生认为："彩陶瓶身上绘着简
化了的正面鸟纹等纹饰，这种纹饰可能是摹绘衣
服上的纹样，但也可能是文身习俗的反映。"① 然
而在另一些社会中，文身或刺青的装饰设计便不
具有这样的道德价值。相反，中国传统社会在孔
子谓之"身体发肤，受之父母，不敢毁伤，孝之
始也"② 的道德规范下，纹面刺青则有了负道德价
值，甚至一度成为一种对犯人的惩戒——"黥面"
（黥刑）。即便在当今社会中，尽管有一定的争议

图 4-4　人头形器口彩陶瓶，
1973 年出土于甘肃秦安大地湾
（甘肃省博物馆藏）

性，某些公开的场合下，文艺工作者或运动员等公众人物的装饰性文身依然
受到某种限制。

最后，设计的道德价值具有理想性特征。

毋庸置疑，一旦设计具有了正道德价值，也就意味着它满足了设计价值
主体的道德需求。而与此同时这一过程也对设计价值主体的知、情、意、行
起到道德规范的作用，使其产生对理想的社会实践、人伦情感及人格类型的
追求和向往。这在一定程度上便会形成道德理想的建构，鞭策人们不断探索
更为进步、完善的道德生活，推动价值主体形成对以往的道德需求的超越。
"道德理想是道德领域中十分重要的内容，它是人类价值在道德领域中的直
接体现，也是道德进步的动力之一。"③ 例如，假设"设计关怀偏远地区人群"
具有正道德价值（关于这点将会在后文有具体确证），这便说明它符合社会

---

① 张朋川. 中国彩陶图谱[M]. 北京：文物出版社，1990：49.

② 汪受宽. 孝经译注[M]. 上海：上海古籍出版社，2004：2.

③ 商戈令. 道德价值论[M]. 杭州：浙江人民出版社，1988：82.

对追求公平、正义并缓解或消除贫困的道德需求。但这从另一面也为设计服务于贫困群体追求至善的幸福生活，或者更进一步说构建和谐与幸福的社会生活打下基础，正是这种超越和寻求超越的理想与信念成就了后世可获得更高层次的设计道德价值的现实。

三、相关活动的道德价值推导与判断

通过前文的论述，我们不难发现价值的存在关乎的是客体与主体的相互关系。"价值不是某种先验的或外在永恒的实体——如日月星辰这些事物或上帝、物质这些抽象概念等等，而是人在其历史的和自由自觉的活动中所完成的创造物。"[①] 仅有客体，没有主体，价值是不存在的，反之亦然。比方说，以"青蛙吃害虫"作为价值客体，以"人"作为价值主体，前者能吃害虫的价值可否被确认显然需要有两个前提，即"青蛙吃害虫"与"人"都必须客观存在，缺一不可。在此基础上，如果"青蛙吃害虫"这一内容满足了"人"想除去这些害虫的欲望或需求，便对"人"产生了价值。由此可以看出，设计的道德价值存在与否以及它具有的是正道德价值还是负道德价值，也是人依据一定社会和历史时期自身本质和内在需要来确定、选择及评估的结果。再进一步来说，"设计关怀偏远地区人群"是否具有道德价值以及是否为正价值显然也要依托该行为的事实以及现代社会人们利益共同体的需求等方面加以确证和判断。

18 世纪 30 年代，苏格兰著名的哲学家、经济学家和历史学家大卫·休谟（David Hume）提出了"休谟法则"，即"'应该'能否从'是（事实）'产生和推导出来"[②]。该法则被誉为"人类伦理思想史上最伟大的发现"[③]，因为"它是元伦理学的最重要、最基本的问题，是伦理学能否成为科学的关键，

① 商戈令. 道德价值论[M]. 杭州：浙江人民出版社，1988: 96.
② 王海明. 新伦理学：上册[M]. 北京：商务印书馆，2008: 267.
③ 王海明. 新伦理学：上册[M]. 北京：商务印书馆，2008: 266.

因而也是全部伦理学的最重要的问题"①。在他之后至 19 世纪末，人们都没能对此问题做出正面与合理的解答。直到 20 世纪，美国哲学家马克斯·布莱克（Max Black）基本说清楚了这一问题，并最终得到学界的进一步完善而形成以下这一公式：

> 应该、善、价值推理：客体→主体的需要、欲望、目的→应该、善、价值②

这一公式基于的便是"客体应该如何（即价值）"其实是通过主体的需要、欲望、目的而从"客体事实如何"产生和推导出来的观点。也就是说，客体的"是""事实"或"事实如何"与其"价值""善""应该如何"之间并不能直接画等号。前者必须通过一个"桥梁"才能达到后者，而这个"桥梁"便是主体的需求、欲望或目的。依然以上述"青蛙吃害虫"之例加以说明：无论作为主体的"人"是否需要青蛙去吃害虫，青蛙都会去吃虫子，其中也包括了害虫，这是一个不依赖"人"的主观意志而转移的客观事实，同时与青蛙应不应该吃害虫，抑或说青蛙吃害虫是有价值的并无直接关联。而只有当"人"需要除去害虫，青蛙吃害虫的举动符合这一需求时，"青蛙吃害虫"方才对主体的"人"具有价值，所以是应该的、善的。因此，伦理学中便有了一切价值的普遍推导公式：

> 客体：事实如何
>
> 主体：需要、欲望、目的如何
>
> 主客关系：事实符合（或不符合）主体的需要、欲望、目的
>
> 结论：应该、善、正价值（或不应该、恶、负价值）③

与此同时，伦理学又在此公式基础上进一步将其演化成了"道德价值"的推导公式。伦理学认为，与非道德价值④有差异的方面是，道德价值的客体往往是人的行为，因为它是社会道德所规范的对象，而社会是活动者，因

---

① 王海明. 新伦理学：上册[M]. 北京：商务印书馆，2008：267.

② 王海明. 新伦理学：上册[M]. 北京：商务印书馆，2008：268.

③ 王海明. 新伦理学：上册[M]. 北京：商务印书馆，2008：273.

④ "非道德价值"并非与"非道德主义"或"非道德论"有关，或者说不是指不道德的价值，而是指与"道德价值"无直接关系或关系不大的价值，如材料价值、使用价值、交换价值、品牌价值、经济价值等。

而是主体。于是，社会制定道德的目的便是主体活动的目的。因此，道德价值便能在人的行为之事实如何以及社会的道德目的如何这样的关系之中被推导出来：

客体：行为事实如何

主体：道德目的如何

主客关系：行为事实符合（或不符合）道德目的

结论：行为应该如何（或不应该如何）[1]

很显然，该公式中的"行为应该如何"便是道德价值。而至于设计，它作为协调人与自然、社会及人之间关系的重要手段和行为活动，其发展与嬗变总是与社会的道德目的密不可分。而"道德目的是满足社会的道德需要，保障经济活动、文化产业和人际交往以及一切具有社会效用的活动的存在与发展"[2]。不同时代和社会形态的社会道德需要不同，道德目的亦大相径庭。所以，相同的设计事实在不同时期以及不同社会形态中有着相异的道德价值。例如，中国传统社会中有专为缠足女子设计"弓鞋"（如图 4-5 所示）的活动，作为社会道德所规范的客体，这一设计行为的事实符合主体——当时的社会——追求"三寸金莲"这种现在被视为畸形的审美需要，或者说对当时妇女道德规范的需要，故而具有道德价值，是"善"的设计。但今天，伴随社会道德需要的迁移，原来的设计毫无疑问早已不符合现有的道德目的，因此也必然是不具有道德价值的行为。

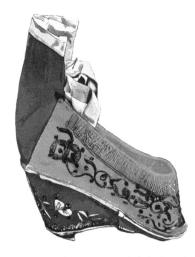

图 4-5　[清] 19 世纪红地盘金绣弓鞋
（美国波士顿美术博物馆藏）

同理，当下社会中其他设计行为的道德价值具备与否亦是以其事实是否

---

① 王海明. 新伦理学：上册[M]. 北京：商务印书馆，2008: 274.

② 王海明. 新伦理学：上册[M]. 北京：商务印书馆，2008: 412.

符合当今社会道德目的为要旨。只有明确某种设计行为具有道德价值，才能寻求确定优良道德的方法、设计价值取向及评价标准。对于立足偏远地区贫困群体的设计来说，一方面，众所周知，社会的道德目的是保障社会存在发展、增进每个人的利益。而消灭贫困、追求富裕是全人类共同的理想、责任和价值追求。偏远地区贫困群体通过一定合理、合法的手段减缓或摆脱贫困体现着现代社会公平、公正的原则，是对社会利益共同体道德需要的满足，亦即一种道德目的。另一方面，现代设计活动具有而且最主要具有与"人的现象"①相关的关系属性，其中既包括了设计相对于人作为"自然存在物"的关系，也包括了其相对于人成为社会之人、人性之人的关系。前一关系主要体现在现代设计能让人作为自然人而获得物质生活的满足，后一关系则主要表现为它还能为人创造和谐幸福的生活；又因为偏远地区贫困群体首先是人，人的概念涵盖了偏远地区贫困群体的概念，因此设计立足于人而展开的活动也包含了对偏远地区贫困群体的关怀，这意味着设计同样能使贫困群体获得物质生活的满足以及为其创造和谐幸福的生活，而且虽然从数量说不多，但现代设计也确实在此领域有着一定的实践。故而，一旦现代设计对偏远地区贫困群体产生关怀，其道德价值便被如是推导：

客体：设计具有关怀偏远地区人群的行为活动（行为事实如何）

主体：保障社会存在发展、增进每个人的利益（道德目的如何）

主客关系："设计关怀偏远地区人群"符合对社会道德需要的满足（行为事实符合道德目的）

结论：设计应该关怀偏远地区人群（行为应该如何，即道德价值）

故此，我们借助元伦理学的方法，通过道德价值推导公式确证了"设计关怀偏远地区人群"是具有道德价值的。但是，价值推导和价值判断是两回事。此即是说，我们目前已推导出"设计关怀偏远地区人群"具有道德价值，但这是一个肯定的价值判断还是否定的，则还需要继续借助伦理学的方法进行分析。

---

① 李立新. 设计价值论[M]. 北京：中国建筑工业出版社，2011：19.

伦理学认为，"价值判断"与"事实判断"是有关系的。"事实判断"是客体的事实属性，即该客体不依赖主体需求、欲望、目的而存在的属性。而"价值判断""是以'应当'来连接主词和宾词的判断。这种判断在绝大部分场合下都可以转换为更一般形式，即用'好'与'坏'、'善'与'恶'等价值措辞来阐释对象性质（价值）的判断形式"①。它需要通过"事实判断"与有关主体需要、欲望、目的的判断发生关系才能被推导出来，故是一种关系属性。"肯定的价值判断等于事实判断与主体需要、欲望、目的的判断之相符；否定的价值判断等于事实判断与主体需要、欲望、目的的判断之相违。"②譬如，以"某某杀人了"为例，这句话反映的便是某某杀人的行为事实，亦即客体的事实属性，无论主体是否愿意发生这一事实，它都已经存在，因此"某某杀人了"是事实判断。而"某某不应该杀人"则是价值判断，是根据对"某某杀人了"的事实判断与当时社会之道德目的判断不符合而推导出来的结果。于是，伦理学便有了以下价值判断的公式：

前提1：关于是、事实、事实如何的判断

前提2：关于主体的需要、欲望、目的的判断

两前提之关系：关于事实与主体需要的关系判断

结论：关于应该、善和价值的判断③

如果将"设计关怀偏远地区人群"的相关项代入公式的话，便可得出以下推导：

前提1：设计关怀了偏远地区人群（关于是、事实、事实如何的判断）

前提2：社会利益共同体需要通过一定合理、合法的手段使偏远地区人群缓解乃至摆脱贫困（关于主体的需要、欲望、目的的判断）

两前提之关系："设计关怀偏远地区人群"符合道德目的（关于事实与主体需要的关系判断）

结论："设计关怀偏远地区人群"的道德价值是正的、善的

---

① 商戈令.道德价值论[M].杭州：浙江人民出版社，1988：98.

② 王海明.新伦理学：上册[M].北京：商务印书馆，2008：277.

③ 王海明.新伦理学：上册[M].北京：商务印书馆，2008：278.

　　至此，我们便可以旗帜鲜明地宣称"设计关怀偏远地区人群"的行为具有道德价值，且具有的是正道德价值。这就意味着一切真正通过设计的方式关怀偏远地区人群的行为都是"善行"，都符合优良道德规范；而一切通过设计的方式漠视偏远地区人群的行为都是"恶行"，都不符合优良道德规范。事实上从这个意义上来说，我们就形成了一定的价值认识，明确了"设计关怀"的行为活动不应在偏远地区人群中"缺席"的这一初衷。

第二节　相关活动的终极目标分析

　　"设计艺术是人之为人的根本，也是人类文化精神的表征，它必须对人类生活衣、食、住、行的各个方面不断构建、反思、完善，意在创造出和谐幸福的生活。"[①] 的确，设计之终极目标便是为人类创造幸福生活，这实际上与人类社会赖以进步与发展的终极目标和动力同步。恩格斯认为每个人都追求幸福，它是"在每一个人的意识或感觉中都存在着这样的原理，它们是颠扑不破的原则，是整个历史发展的结果，是无须加以论证的"[②]。而从伦理学的视角看来，无论是以亚里士多德为代表的"德福一致论"，还是以伊曼努尔·康德（Immanuel Kant）为代表的"德福配享论"，抑或以伊曼努尔·列维纳斯（Emmanuel Lévinas）为代表的"德福相契论"，都说明道德和幸福关系密切。事实上，"德福一致是人类社会的永恒价值追求，也是社会统一稳定的思想和现实基础"[③]。"'幸福'就是一种合于德性的现实活动，就是人所追求的最高目的和'最高的善'（'至善'）"[④]。根据上文的分析与讨论不难发现，"设计关怀偏远地区人群"的行为活动符合当代社会利益共同体的道德需要

① 李立新. 设计价值论[M]. 北京：中国建筑工业出版社，2011：21.

② 中共中央马克思恩格斯列宁斯大林著作编译局. 马克思恩格斯全集：第四十二卷[M]. 北京：人民出版社，1979：373-374.

③ 党春旺. 道德与幸福[J]. 商业文化，2012(1)：332.

④ 田海平. 如何看待道德与幸福的一致性[J]. 道德与文明，2014(3)：28.

和道德目的，显然它是一种设计活动，故此从本质上来说它所追求的终极目标便是为偏远地区的贫困群体创造幸福的生活。

一、基于"民生幸福"内蕴的伦理考察

路德维希·安德列斯·费尔巴哈（Ludwig Andreas Feuerbach）认为："道德的原则是幸福……道德不能从幸福的原则抽象出来；如果它抛弃了本人的幸福，它仍然必须承认别人的幸福；在相反的场合下，如果失去对别人的义务的根据和对象，也就没有道德实践本身。因为如果没有幸福和不幸、快乐和悲哀之分，也就没有善恶之分。善就是肯定追求幸福的愿望，恶就是否定这种愿望。"[①] 从这个意义上推论，"设计关怀偏远地区人群"既然已被确证是符合正道德价值的"善行"，那它就必然是"肯定追求幸福的愿望"，是设计行为主体有意愿为贫困群体创造幸福的行为活动。换言之，协助贫困群体去追求幸福是"设计关怀偏远地区人群"的道德目的。那么究竟这一行为活动能为偏远地区贫困人群创造怎样的幸福则是值得从伦理学的视角进行探讨的问题，而这首先需要对"幸福"本身略为界说。

千百年来，人类一直在追问和探索"幸福"之真谛，有关它的定义多至上百种，诚可谓言人人殊。康德就曾坦言："不幸、幸福的概念是如此的不确定，以至于每一个人都想达到它，但他却从不能确定地，而且一贯地说出他实在所欲并所意的究竟是什

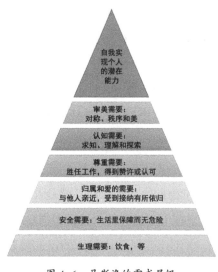

图 4-6　马斯洛的需求层级

---

① 路德维希·费尔巴哈.费尔巴哈哲学著作选集：上卷[M].荣震华，李金山，译.北京：商务印书馆，1984：432-433.

么。"① 伦理学认为，需要和欲望是"幸福"的源头。马斯洛曾提出了闻名于世的"需求层次理论"（Maslow's hierarchy of needs）（如图 4-6 所示），他在《动机与人格》一书中由低至高地将其分为："生理需要""安全需要""归属与爱的需要""尊重的需要""求知需要""审美需要""自我实现的需要"② 七个层级。尽管有学者对他划分需要和欲望的全面性质疑，但从其理论的解析中还是能明确推知，"需要"是"有机体对于生存和发展所必需的客观条件的反应"③。而至于"欲望"，巴鲁赫·德·斯宾诺莎（Baruch de Spinoza）则认为它"一般单是指人对它的冲动有了自觉而言，所以欲望可以界说为我们意识着的冲动"④。冯友兰先生则说得更为具体："所谓本能或冲动，皆系无意识的；皆求实现，而不知何为所实现者，亦不知有所实现者；皆系一种要求，而不知何为所要求者，亦不知有所要求者。若要求而含有知识分子，不单要求而且对于所要求者，有相当的知识，则此即所谓欲望。"⑤ 所以，"人和动物的欲望，说到底，乃是一切物质形态所具有的需要属性进化的结果：当物质形态进化到具有大脑的动物的阶梯时，这些动物的需要便通过成为意识的对象而转化为欲望"⑥。而人一旦有了需要和欲望，也便因此产生了快乐与痛苦。因为，人们只有在实现了欲望、满足了需要的前提下，才能获得快乐的心理体验，反之则可能会产生痛苦的心理体验。

伦理学认为，当一个人的一生之中主要的、多数的、重大的需要和欲望得到了满足后，就会获得主要的、多数的、重大的快乐，这时便可以认为这个人的生活是幸福的；反之，当他（她）一生中主要的、多数的、重大的需要和欲望得不到满足时，便产生了主要的、多数的、重大的痛苦，因而便是不幸的。但是在此需要强调的是，快乐并不直接就等于幸福，痛苦也不就是不幸。快乐有正常与非正常、健康与病态的区别。如果一个人在类似吸

① 伊曼努力·康德. 康德论人性与道德[M]. 石磊，编译. 北京：中国商业出版社，2016: 41.

② A.H.马斯洛. 动机与人格[M]. 许金声，程朝翔，译. 北京：华夏出版社，1987: 40-59.

③ 孙英. 幸福论[M]. 北京：人民出版社，2004: 6.

④ 斯宾诺莎. 伦理学[M]. 贺麟，译. 北京：商务印书馆，1997: 107.

⑤ 冯友兰. 三松堂全集：第二卷[M]. 郑州：河南人民出版社，2001: 213.

⑥ 王海明. 新伦理学（下册）[M]. 北京：商务印书馆，2008: 1213.

毒、酗酒、赌博等非正常、病态的需求得到满足时获得快乐体验，这并非真正意义上的幸福。因为这些快乐从本质和长远的角度来看是有损于此人生存与发展的，并且不能最终持续令他（她）快乐，故而也不可能构成幸福的生活。诚如戈特弗里德·威廉·莱布尼茨（Gottfried Wilhelm Leibniz，1646—1716）所说："幸福是一种持续的快乐……幸福可以说是通过快乐的一条道路，而快乐只是走向幸福的一步和上升的一个梯级。"[①] 并且他还说："幸福就其最广范围而言，就是我们所能有的最大快乐，正如苦难就其最广范围而言就是我们所能感到的最大痛苦一样。"[②] 所以，痛苦也不一定会直接导致不幸。例如，爱美的人们通过节食瘦身来塑造姣好的身形，在此过程中他们的食欲得不到满足，因而会有痛苦的体验。但倘若把这个痛苦放置于他们整个人生意义的角度上来看，却有可能因此收获对于他们而言更多、更主要的快乐体验。幸福与否并不是只看快乐和痛苦本身，而是要在考察正常、健康的前提下快乐和痛苦对于人生存与发展方面的总和、程度、意义等因素。伦理学对"幸福"的定义是"幸福乃是享有人生重大的快乐和免除人生重大痛苦；是人生重大需要、欲望、目的的肯定方面得到实现和否定方面得以避免的心理体验；是生存发展达到某种完满和免除严重损害的心理体验"[③]。

那么这是不是意味着"幸福"就一定是主观体验呢？或者说是不是自己感觉到幸福便就是幸福了呢？其实，"幸福"是主观与客观的统一体。"快乐的心理体验"的确属于主观范畴，即主观形式；而人生重大需要、欲望、目的的实现和生存发展之完满则隶属客观范畴，即客观内容。作为正常的人，是否感到快乐确然是自身的体会，但他们的欲望和需要能否得到实现与满足，以及生存发展完满与否则是不以其自身的意志为转移的客观事实。所以，虽说"幸福"是主观体验，然而如若人生重大需要、欲望、目的难以实现的话，人们很难会感到快乐与幸福。于是，这里便涉及构成幸福的客观标准——"人生重大需要、欲望、目的的实现"。并且，它不仅是幸福之心理

① 莱布尼茨. 论观念：第二卷；人类理智新论：上册[M]. 陈修斋，译. 北京：商务印书馆，1982：188.
② 莱布尼茨. 论观念：第二卷；人类理智新论：上册[M]. 陈修斋，译. 北京：商务印书馆，1982：187.
③ 王海明. 新伦理学（下册）[M]. 北京：商务印书馆，2008：1223.

体验的客观标准，还是生存发展之完满的客观标准。毕竟，对于贫困群体和富裕群体来说，他们生存发展之完满的程度是不一样的，前者可能只要能脱贫或缓解贫困便能达到一定生存发展之完满的程度，而后者的相关程度则显然要更高。因此，衡量是否达到各自生存发展之完满的标准，便是他们各自人生重大需要、欲望、目的是否实现。从这个意义上来说，"设计关怀偏远地区人群"最终的目标便是设计行为主体通过相关活动去满足贫困群体的重大需要、欲望和目的，并协助其达到他们生存发展之完满的状态。

准此观之，正因为偏远地区贫困群体生存发展之完满的状态具有特殊性，所以其人生重大需要、欲望、目的（简单说来，即贫困群体的重大需求）之满足的这一客观标准也必然迥殊。那么究竟如何满足他们人生重大的需求并使之产生幸福的体验呢？从本质上而言，设计帮扶贫困群体创造幸福生活实际上便是在他们的生活中实现"民生幸福"。"民生幸福，从字义上是民众生存的持续的心理满足状态，一种让人感觉愉悦、生而有价、生而有所值的情感体验。这一满足的情感建立于物质的适当满足基础上，体现为精神的自得。"① 众所周知，贫困在物质生存的意义上最为突出。"民生是民众生存之必需，是民众的生存和发展的基本需要。民生问题是关系到国民的生计与生活问题。马克思主义认为人类的第一个历史活动就是生产物质资料以满足人们的生活需要。该观点强调了人的生活不仅是生产力与生产关系赖以存在的基础，而且是一切物质生产的最终目的，从而把社会发展的合目的性与合规律性有机地统一起来。"② 马克思恩格斯的唯物历史观便在于"从直接生活的物质生产出发来考察现实的生产过程，并把同这种生产方式相联系的、它所产生的交往形式理解为整个历史的基础，同时由此出发来阐明意识的各种理论产物和形式，如宗教、哲学、道德等等，并追溯它们的产生过程"③。由此可见，物质幸福是民生幸福的基础，也是设计关怀偏远地区贫困群体的起点。

前文已述，"设计关怀偏远地区人群"实则为设计力量以社会救助和扶

① 陈文庆，王国银，苏平富，等.民生幸福：社会救助伦理价值向度[J].湖州师范学院学报，2013(2): 51.

② 李一中.民生幸福的伦理基础[J].辽宁省社会主义学院学报，2013(2): 97.

③ 中共中央马克思恩格斯列宁斯大林著作编译局.马克思恩格斯选集：第一卷[M].北京：人民出版社，2012: 171.

贫的形式介入"反贫困"的活动。而上一章节在追溯传统社会之于贫困群体的关怀思想与关怀形式时，也充分说明了历朝历代扶困济危最基本的手段往往都是给予物质资料的帮扶，足见物质幸福对于贫困群体而言具有重要意义，毕竟人所具有的动物属性之体现无外乎饮食男女。所以，物质幸福"是人的物质性需要、欲望、目的得到实现的幸福，也就是一个人的生理需要、肉体欲望得到满足的幸福"[1]。与此同时，就设计来说，无论是作为一种活动还是作为活动的结果，皆与物质因素关系紧密。小到一个图钉，大到一列火车、一架飞机，无疑都充盈着设计的意匠与为人造物的哲思，设计的本质便是"为人造物的艺术"。再进一步说，设计与纯鉴赏性艺术之间的根本区别就在于前者是实用艺术，它的任务和使命便是为人创造具有功能性的物质实体。由此可见，设计服务于偏远地区人群，最为显性和直接的价值便是它能展现其扶助贫困群体实现物质幸福过程中的地位与意义。

当然"民生幸福"不仅只是囿于物质层面，它还有着其他的考量标准与维度。"1972 年，不丹国王旺楚克首先提出了'国民幸福总值'（gross national happiness，GNH）的概念，创建了举世瞩目的'不丹模式'。……不丹模式的 GNH 指标是由经济增长、环境保护、文化发展、政府善治四大支柱组成；英国的'国民发展指数'（measure of domestic progress，MDP）把社会、环境成本和自然资本作为重要指标；日本强调文化方面因素的'国民幸福总值'；中国学者则从经济机会、社会机会、安全保障、文化价值观、环境保护等方面来建构国民幸福核算指标体系。"[2] 然而，倘若统筹考虑这些指标，并基于伦理学的视角，联系前述实现人的重大需求、欲望、目的这一客观标准来看的话，那么"民生幸福"在"物质幸福"之外还有着"社会幸福"（亦有学者称之为"人际幸福"）与"精神幸福"两大维度。所谓"社会幸福"是指"社会生活的幸福，是人的社会性需要、欲望、目的得到实现的幸福，也就是人的人际关系方面的需要、欲望、目的得到实现的幸福"[3]。准此观之，

---

① 孙英. 幸福论[M]. 北京：人民出版社，2004: 35.

② 何建华. 公平正义：民生幸福的伦理基础[J]. 浙江社会科学，2014(5): 112.

③ 王海明. 新伦理学（下册）[M]. 北京：商务印书馆，2008: 1233.

那么"精神幸福"也就必然是"人的精神方面的需要、欲望、目的得到实现的幸福"①。有学者结合马斯洛的需求层级,认为"社会幸福"其实便是要使人们归属与爱的需求,以及自尊的需求得到满足的幸福类型;而"精神幸福"则是让人们获得认知、审美等需求满足的幸福类型,其最高表现是自我实现与自我创造之潜能的实现。

毋庸置疑,设计不仅能满足偏远地区人群物质层面的需求,并且在一定程度上还能为他们争取到"社会幸福"与"精神幸福"。如前所述,设计要从真正意义上关怀贫困群体,便不能只是聚焦于他们的设计享有度,还应观照其之于设计的参与度。贫困绝不是将人们排斥在设计之外的理由。如果在一定程度上能为贫困人群提供参与设计的机会,那么相信他们应该可以通过学习、训练和相关实践来逐渐掌握设计的基础技能,并使之成为一种可以缓解和摆脱贫困的渠道。在此过程中也就会相应地拓展了他们的经济机遇与社会机遇,在人际交往中谋求一定的归属感和存在感,并进一步实现自尊的需求和愿望。这也是本研究之前一直强调"授人以鱼不如授人以渔"的重要原因之一。事实上,目前国外一些设计扶贫的活动也的确出现了通过设计教育、培训的形式帮扶贫困地区的工匠、艺人甚至普通人自主脱贫的项目。非但如此,关键是这些设计手段归根结底也是协助贫困人群提高认知能力与审美能力,进而体现自我创造能力,实现人生价值的有效途径之一。但凡是设计行为,其本身便蕴含着认知世界的社会功用。无论是设计品形式的创新与美化,还是其功能的设定与调适,都离不开对自然界与人类社会的探索和发现。设计以人为本,将人的需求置于核心位置,而左右两端分别依托的便是艺术与科技。艺术保障设计的审美价值,而科技则能实现其实用价值,二者共同作用构成设计认知世界的方式。与此同时,贫困也不意味着审美的资格被褫夺。设计终究是一种艺术门类,"为人造物的艺术"用另一种方式表达就是"按照美的规律为人造物",故而它能协助边远地区贫困群体提高审美意识、满足其审美需求的特性,也自是不言而喻的。

---

① 王海明. 新伦理学(下册)[M]. 北京: 商务印书馆, 2008: 1233.

二、相关活动终极目标的性质与道德境界

上文已然明确了"设计关怀偏远地区人群"的终极目标,接下来不免还需凭借伦理学的视角,解析此目标的性质。但在这之前,我们必须再次申述一个事实,即"设计关怀偏远地区人群"的活动涉及两类主体——设计行为主体与边远地区贫困主体。之所以做此强调,是因为依据主体的不同,其终极目标的性质也有所差异。此即是说,设计扶助贫困群体去创造幸福生活对于设计行为主体与贫困主体而言具有不一样的意义。

第一,从边远地区贫困主体的角度来看,如前所述,设计可分为其实现物质幸福、社会幸福(人际幸福)与精神幸福。然而此三种"幸福"只不过是"民生幸福"的不同维度和类型,其性质却完全为另外一回事。伦理学上认为,无论是哪种幸福类型,都可以依据性质而分为"消费性幸福"(consumer happiness)和"创造性幸福"。前者是由伊格纳西奥·L.格茨(Ignacio L. Götz)在其《幸福的概念》(Conceptions of Happiness)一书中提到的术语,他说:"许多人发现幸福在于对物质的拥有。'拥有'在这里可能意味着消费,物质商品的获得;因此我们有'消费性幸福'一说,这对它有一定的积极意义。它也可能简单地意味着静态观念上的占有、被事物包围时的快乐体验。这种现象太普遍了,不需要太多的阐述。"[1] 具体来说,"消费性幸福"是指"不具有创造性的或无所创造的生活的幸福,也就是未能取得创造性成就的生活之幸福"[2]。而"创造性幸福"则是"具有创造性的生活的幸福,是有所创造的生活的幸福,是做出了创造性成就的幸福"[3]。事实上,物质、社会和精神幸福,都有可能属于"消费性幸福",抑或可能是"创造性幸福"。举例说明,当一个人的一生享有衣食无忧的物质性快乐,或在人际交往中能得到尊重与认同,又或是通过阅读、鉴赏等方式收获精神的满足时,

---

① Ignacio L. Götz. Conceptions of Happiness[M]. Revised Edition. Lanham: University Press of America, Inc, 2010: 16.

② 孙英. 幸福论[M]. 北京: 人民出版社, 2004: 39.

③ 王海明. 新伦理学(下册)[M]. 北京: 商务印书馆, 2008: 1236.

他的幸福生活属于非创造性的幸福，也就是"消费性幸福"。而如若他的一生能通过艺术创作、设计、写作或科学研究与发明而体验幸福时，那么他便拥有了"创造性幸福"。就人们生存与发展的人生意义而言，显然后者在境界上要高于前者。

　　具体到"设计关怀偏远地区人群"上来说，如若设计介入"反贫困"能使得贫困人群享有相应的设计产品、设计教育、设计实践、设计机会、审美愉悦等内容，并最终令他们感到生活幸福的话，那么此种幸福便是"消费性幸福"。不难察觉，其中不但有物质幸福，同时也将社会幸福与精神幸福囊括在内。然而值得注意的是，在此过程中贫困群体并未发挥主观能动性去创造、实现自我价值。换言之，就如同伊格纳西奥·L.格茨所说的"消费"一般，他们只是被动"坐拥"设计行为主体为其打造的幸福模式，而未能真正通过自己的双手来开启创造性幸福生活的体验。显而易见，仅仅做到这一点，对于真正实现"为偏远地区贫困群体创造幸福生活"的终极目标而言尚为粗浅。所以，"设计关怀偏远地区人群"的相关活动既要以贫困人群的"消费性幸福"为计，又要为其谋取"创造性幸福"。而这就必须不断激发贫困群体的主动性与积极性，引导、启发、带动他们通过与设计相关的手段去自主创造，实现自我价值。这并不是在夸大设计的作用，而是对社会力量参与扶困济危活动中始终强调自主脱贫这一理念的另一种解读与实施。毕竟，"设计"本身就是一种创造性活动，贫困群体借助它来主动造物、发现社会与自然的规律、实现自己的人生价值与意义，才有可能收获更高层次的幸福体验。不妨说，设计之于贫困人群的"消费性幸福"和"创造性幸福"是一个过程的两个阶段，前者是基础和前提，没有它，"为偏远地区贫困群体创造幸福生活"便只能沦为一句口号；而后者是理想和愿景，失去它，"设计关怀偏远地区人群"将迷失方向。也正因如此，"授人以鱼不如授人以渔"的另一层隐含之义便是要求相关活动不仅不能在传授设计技能、提高设计参与度的层面戛然而止，还必须通过彰显设计的价值认识，让贫困群体真正了解设计创造对于改变他们生活与生产方式的重要意义。唯其如此，方能令贫困主体在设计行为主体撤离相关项目或活动后，依然能利用设计的力量来自我救急解困，为自己打造幸福美满的生活。遗憾的是，目前在现实的相关活动中，人们对此方面的认识还不够清晰。所以，仅简单地凭一句"创造幸福生活"去关怀贫困人群显然不够，还应在明确终极目标的基础上，进一步厘清幸福生活的性质与阶段，而后分层次、有步骤地去具体践行。

第二，从设计行为主体的角度来看终极目标的性质。"为偏远地区贫困群体创造幸福生活"事实上能被分解为两类幸福的结果：一是为贫困主体谋求幸福，前已有所详述，故不在此赘言；二是在一定程度上能给予设计行为主体幸福的体验，而这从性质上来说却关乎道德内蕴。前文已述，"设计关怀偏远地区人群"的行为活动隶属的是"不完全义务"的道德范畴，或者说源自设计行为主体的"道德理想"。如果从道德角度去分析的话便不难看出，所有的幸福类型无外乎皆可分为利己的幸福和利他的幸福。"所谓利己幸福亦即为己幸福，是为了自己的幸福，是利己目的得到实现的幸福，也就是对自己的一生具有重大意义的利己的需要、欲望、目的得到实现的心理体验，说到底，也就是对自己的生存发展之完满具有重大意义的利己需求得到满足的心理体验。"① 准此观之，"利他幸福"便可被理解为"对自己的生存发展之完满具有重大意义的利他需求得到满足的心理体验"②，它属于一种给予的幸福，是在为他人谋得福利后的幸福体验。所以，贫困群体主动借助设计的相关活动为自己获取幸福便属于"利己幸福"。而设计行为主体在关怀边远地区贫困群体，并最终使其获得幸福之后，就会由此有了利他的需求被满足的心理体验，从而产生了"利他幸福"。再进一步说，"设计关怀偏远地区人群"的行为意蕴，从本质上成就了设计行为主体立德之心与仁爱之心，是其完善自我道德的需要被满足的状态，因此又可将其归为"德性幸福"的范畴。在这里，美德与幸福合而为一，体现了"德福一致"的关系属性。诚如弗里德里希·包尔生（Friedrich Paulsen）所言："对于意志完全由德性支配的人来

---

① 王海明. 新伦理学（下册）[M]. 北京：商务印书馆，2008: 1241.

② 王海明. 新伦理学（下册）[M]. 北京：商务印书馆，2008: 1241.

说，有德性的行为始终是最大的幸福和喜悦，即使它并不带来外在的幸福，即使它反给他的肉体带来磨难。斯宾诺莎的准则是适合于他的，幸福不是为德性准备好了的，而是由自身的德性带来的。"① 因此，"设计关怀偏远地区人群"的终极目标，正是因为有了道德范畴内的诠释，故而在贫困主体与设计行为主体两方面形成了性质上的分野。

既然已廓清了"为偏远地区贫困群体创造幸福生活"这一终极目标的性质，那么我们还需进一步对它"善"的价值做一解析，以便从理论上寻绎其道德意义与境界。

伦理学中有句几近公理性的论断："一切快乐皆是善；一切痛苦皆是恶。"② 像亚里士多德就曾这样说过："痛苦由于是恶，所以应当避免。它或者在总体上是恶，或者因以某种方式妨碍实现活动而是恶。与恶的、应当避免的东西相反的就是善。所以快乐是某种善。"③ 根据前文有关快乐与幸福的阐释可以推知，设计"为偏远地区贫困群体创造幸福生活"必然就是要为其实现生活中的快乐，因此是"善"。而如此一来，便可能会有人提出这样的疑问：难道这些快乐都是"善"吗？这又如何解释前文述及有关满足诸如吸毒、酗酒、赌博等一些不正常、不健康、不合理的需求而获得的快乐呢？第一个问题的答案是肯定的，一切快乐皆为"善"的命题毋庸置疑。而有关第二个问题的解答需要从快乐和痛苦的结果来探寻。那些非正常、病态的快乐从本质上说不是纯粹的快乐，而是快乐与痛苦的交织体。甚至可以说，从快乐与痛苦的差值来看，那些快乐归根结底会导致痛苦的结果，所以是"恶"。同样地，像卧薪尝胆与寒窗苦读的过程的确痛苦，但因其与快乐的差值是快乐，所以是"善"。故此，如若考量设计为边远地区贫困群体带来的快乐究竟是否为"善"，则是要看其与痛苦的差值之结果，而非过程性快乐。从这个意义上而言，"设计关怀偏远地区人群"的活动就应充分和全面地考察、了解贫困民众的需求和愿望，从中去伪存真，立足正常、健康、合理的需求

① 弗里德里希·包尔生.伦理学体系[M].何怀宏，廖申白，译.北京：中国社会科学出版社，1988: 347.
② 王海明.新伦理学（下册）[M].北京：商务印书馆，2008: 1255.
③ 亚里士多德.亚里士多德的宇宙哲学[M].唐译，译.长春：吉林出版集团有限责任公司，2013: 124.

而给予设计关怀行为。非但如是，设计行为主体还应避免为他们提供一些表面看起来快乐，但结果是痛苦的行为活动。例如创造一些形式美观，但却费而不惠、华而不实的设计作品，抑或选用价格低廉却粗制滥造、污染环境的材质等都是如此。所以，设计要想为贫困群体带来快乐，就必须为他们提供能带来快乐的事与物，也就是"善的事物"。因为，"能够带来快乐的东西乃是全部的、唯一的善的事物；而能够带来痛苦的东西则是全部的、唯一的恶的事物"①。换句话说，设计"为偏远地区贫困群体创造幸福生活"这一终极目标其中一种层面也是最基础层面上的道德境界便是设计能为贫困群体带来"善的事物"。

　　显而易见，这一终极目标还存在着其他层面的道德境界，而这则需要先从"内在善、手段善和至善"的著名分类说起。此三类"善"的划分最早源于亚里士多德，他在《尼各马可伦理学》中说道："善事物就可以有两种：一些是自身即善的事物，另一些是作为它们的手段而是善的事物。"② 其后，伦理学在此基础上又逐渐划分出"内在善的快乐""手段善的快乐""至善的快乐"三种类型。"所谓'内在善的快乐'也可以称之为'自身善（good-in-itself）的快乐'或'目的善（good as an end）的快乐'，是其自身而非其结果就是可欲的、就能满足需要、就是人们追求的目的的快乐或能够带来快乐的东西。"③ 像健康长寿等就属于"内在善的快乐"，因为它们本身就是人们追求的目的，一旦此需求被满足便是自身善的快乐。准此观之，设计"为偏远地区贫困群体创造幸福生活"的过程中，如若给予他们生活所必需的设计产品的话，那么这些实物因其是可欲的，能直接改善贫困人群的生产和生活，缓解物质领域的困顿，于是便成为一种"自身善"，因而它所带来的快乐也就是"自身善的快乐"。而"手段善的快乐"则是指那些结果可以满足人们的需求、目的、欲望等，从而使人们获得目的性快乐的事物，但其自身并不是目的性的快乐，只是一种作为达到某种或某些快乐的手段性快乐。譬如锻炼身体之

---

① 王海明. 新伦理学（下册）[M]. 北京：商务印书馆，2008：1258.

② 亚里士多德. 尼各马可伦理学：第一卷[M]. 廖申白，译注. 北京：商务印书馆，2003：15.

③ 王海明. 新伦理学（下册）[M]. 北京：商务印书馆，2008：1260.

于健康长寿的快乐便是一种"手段善的快乐"，尽管前者本身也会带来愉悦的体验，但它不是目的，而是达到健康长寿的手段。如果将此推及设计"为偏远地区贫困群体创造幸福生活"上的话，其"手段善的快乐"就包括为贫困群体提供认知和改造世界的机会、参与和践行设计的机遇、掌握和了解设计审美和技能的方法，激发其逐渐树立起借助设计来自主脱贫与自我救助的意识等方面的内容。显然，当贫困群体参与这些活动时会形成快乐的体验，但它们本身并非目的性快乐，而最终目的是利用这些手段实现脱贫致富后拥有幸福生活的快乐。

如前所述，伦理学在"内在善的快乐"与"手段善的快乐"之外，还发现了"至善的快乐"，归根结底它便是"幸福"———一种最终的、最高的、极度的快乐体验。它之所以被冠以"至善"二字，是因为"幸福"只能被视作最终目的，而不可能成为达到其他任何快乐的手段，所以它是唯一一个具有终极目的性质的快乐，也就是"至善的快乐"。毕竟区分"内在善的"与"手段善的"快乐是相对而言的，"目的善往往同时也可以是手段善；反之亦然"①。譬如，为贫困群体直接提供生活必需的设计品，使其摆脱物质窘迫的生活状态，诚然是一种"目的善"，但与此同时它也是构筑贫困群体幸福生活的一条必经之路，故而也可成为"手段善"。同样的，通过设计使贫困群体认知和改造世界虽然是服务于其幸福生活的手段，但与此同时也可作为一种满足贫困群体认知和创造的需求与愿望，使其从中获得快乐的目的，因此也是一种"目的善"。这样看来，只有"幸福"是唯一不能被作为手段善的快乐，是绝对的目的善、最高的善——"至善"。就像亚里士多德所言："我们说，那些因自身而值得欲求的东西比那些因他物而值得欲求的东西更完善；那些从不因他物而值得欲求的东西比那些既因自身又因它物而值得欲求的东西更完善。所以，我们把那些始终因其自身而从不因他物而值得欲求的东西称为最完善的。与所有其他事物相比，幸福似乎最会被视为这样一种事物。因为，

---

① 王海明. 新伦理学（下册）[M]. 北京：商务印书馆，2008: 1260.

我们永远只是因它自身而从不因它物而选择它。"① 并且，如前所述，设计为贫困群体创造幸福生活对于设计行为主体的幸福体验而言是一种"利他幸福"。因此，这一幸福才是道德境界的最高层次，也就是"道德之至善"。

综上所述，"设计关怀偏远地区人群"的终极目标有着三种层级的道德境界：最基础与最根本的是设计行为主体为贫困群体带来"善的事物"，这也是要实现终极目标的第一步，缺少了它就没有设计之于贫困群体的幸福可言；在此前提下，设计行为主体还需为贫困群体带来"内在善的快乐"及"手段善的快乐"，此乃第二层级的道德境界，也是对前一层级道德境界的进一步升级和具体化；而最高层级的道德境界便是"为偏远地区贫困群体创造幸福生活"对于设计行为主体来说是一种利他的幸福体验，故而成就了道德的"至善"境界。

第三节　相关活动的道德原则与规范探究

"设计关怀偏远地区人群"不但具备正道德价值，而且在一定程度上能为偏远地区贫困的人们实现"民生幸福"，于是也因此进入了道德的"至善"境界。然而，如何在具体实践中彰显这一行为的道德价值和伦理意蕴则不仅仅是一句"为偏远地区贫困群体创造幸福生活"可以轻松解决的，这显然还需要道德范畴内的约束和规范。不难想象，缺失道德原则与行为标准的统摄和指导，相关活动便容易形同散沙，难以建构系统性和有效性的行为模式，更为重要的是甚至可能会因此迷失初心，进而误入歧途，造成适得其反的局面和后果。所以，秉持相关的道德原则，遵循一定的行为规范，对于"设计关怀偏远地区人群"而言便犹如大海航行中的航标与明灯，可以保障相关活动不至于茫然若迷、随波逐流。

---

① 亚里士多德. 尼各马可伦理学：第一卷[M]. 廖申白，译注. 北京：商务印书馆，2003：18.

一、维护公平正义的基本原则

"公平"和"正义"一直是人类社会千百年来的价值追求，孔子就曾说过："丘也闻有国有家者，不患寡而患不均，不患贫而患不安。盖均无贫，和无寡，安无倾。"① 其后，中国传统社会的"等贵贱、均贫富"②、资本主义启蒙时代的"自然权利"③、现代"作为公平的正义"（justice as fairness）④ 等观念，或多或少都折射出对这一理想目标的渴求。原世界银行行长詹姆斯·戴维·沃尔芬森（James David Wolfensohn）在 2004 年全球扶贫大会闭幕式上曾如是说："如果我们要有效地倡导减少贫困和希望消除贫困，我们就必须本着一种道义原则感、一种伦理原则感、一种对我们的事业是正确的事业的信仰来行事。我们不应仅仅从经济学的角度来讨论贫困问题，因为解决公平和社会公正是正确的事业。"⑤ 也正因如此，"公平"与"正义"是"设计关怀偏远地区人群"活动中不可或缺的最基本道德原则。

事实上，无论"公平""正义"，抑或"公道""公正"都属于同一概念，其核心内涵就是"公正"，所以亦可统称为"公正"，它们只不过是"公正"在不同场合下的另一种表述而已。尽管"公正"涉及政治、法理、经济等各学科和领域，但究其本质而言，它是一种关乎人的行为应该如何的道德原则。亚里士多德说："公正常常被看作德性之首，'比星辰更让人崇敬'。还有谚语说，公正是一切德性的总括。"⑥ 那么究竟何为"公正"？早在 1000 多年以前，古罗马著名的法学家格奈乌斯·多米提乌斯·雅尼乌斯·乌尔庇安（Gnaeus Domitius Annius Ulpianus）就曾对此问题给出过经典的答案——"正义乃是

① 论语：季氏第十六[M]. 北京：人民教育出版社，2015: 388.

② 冯克诚，田晓娜. 9-10 宋辽金西夏元历史编；中国通史全编[M]. 西宁：青海人民出版社，2002: 132.

③ 卢梭. 卢梭文集[M]. 江文，编译. 北京：中国戏剧出版社，2008: 263.

④ 约翰·罗尔斯. 正义论[M]. 何怀宏，何包钢，廖申白，译. 北京：中国社会科学出版社，1988: 1.

⑤ 詹姆斯·戴维·沃尔芬森. 世界银行行长沃尔芬森在全球扶贫大会闭幕式上的讲话[EB/OL]. (2004-06-03)[2018-12-13]. http://cn.chinagate.cn/povertyrelief/chx/2004-06/03/content_2320423.htm.

⑥ 亚里士多德. 尼各马可伦理学：第五卷[M]. 廖申白，译注. 北京：商务印书馆，2003: 130.

使每个人获得其应得的东西的永恒不变的意志。"① 现代伦理学在此基础上，做出"公正是给人应得"② 的这一定义。再进一步精确来说，"所谓公正，就是给人应得，就是一种应该的回报或交换，说到底，就是等利害交换的善行：等利交换和等害交换的善行是公正的正反面"③。就如同某人从虎口救下往日曾搭救过自己性命的恩人，这便是等利交换，也就是"公正"；而法律判决某位因剥夺他人性命的罪犯以死刑，这则属于等害交换，但同样也是"公正"。

再回到偏远地区贫困群体身上来看，贫困现象最终也可被归结为公平与正义的问题。有学者认为："贫富差距——实质是对财富占有的量别性的不均等……贫富分化——对财富及劳动占有的质别性的不平等。"④ 众所周知，"公正"是一个社会和国家治理最根本也是最为重要的道德原则。诚如约翰·罗尔斯（John Rawls）那段不无气势的宣言所说："正义是社会制度的首要价值，正像真理是思想体系的首要价值一样。一种理论，无论它多么精致和简洁，只要它不真实，就必须加以拒绝或修正；同样，某些法律和制度，不管它们如何有效率和有条理，只要它们不正义，就必须加以改造或废除。每个人都拥有一种基于正义的不可侵犯性，这种不可侵犯性即使以社会整体利益之名也不能逾越。"⑤ "公正"之最主要的作用便是要保障社会的稳定，维护社会的秩序，确保社会各阶层的民众可以均衡、和谐地生存与发展。但是，毋庸赘言，贫困问题直接干扰了社会秩序，打破了各阶层民众和谐发展的均衡性。"反贫困"的道德内涵与相关实践，正是在这样的语境下应运而生。作为"反贫困"的一种重要类型，"设计关怀偏远地区人群"最基础的意义也就在于对公平与正义的维护与确保之上。就像前文所述，绝大部分贫困民众"从来就没有闻见过从设计师的作坊里飘出来的气息"。这对于作为最

① 埃德加·博登海默. 法理学——法哲学及其方法[M].邓正来，姬敬武，译. 北京：华夏出版社，1987: 253.

② 王海明. 新伦理学（中册）[M]. 北京：商务印书馆，2008: 769.

③ 王海明. 新伦理学（中册）[M]. 北京：商务印书馆，2008: 773.

④ 孙书行，韩跃红. 多学科视野中的公平与正义[M]. 昆明：云南人民出版社，2006: 163-164.

⑤ 约翰·罗尔斯. 正义论[M]. 何怀宏，何包钢，廖申白，译. 北京：中国社会科学出版社，1988: 1.

广大劳动民众的重要组成部分，且在很大程度上为人类世界的发展付出辛苦劳动的贫困群体来说显然是不公正的。设计如若不能立足他们，为其创造应有的生活，无异于对社会最根本道德原则的漠然置之，公正定将遭到践踏，最终人类发展也会无以为继。并且，设计忽视贫困民众的存在，其自身道德价值在一定范围内便无法体现，一旦它不再具备"善"的道德规范，也就会渐冉沦为"恶"的设计，这明显是我们不愿看到的。

因此，"设计关怀偏远地区人群"一旦实施，其本身便是对践行公平正义之道德原则的一种尝试。然而同时需要指出的是，即便如此，为贫困群体提供必要的设计产品、设计机会、设计培训等却并非简单地就意味着设计行为主体已然在履行公平与正义了。在此过程中，最为关键的问题是如何体现有关"平等"的原则。因为说到底，就像亚里士多德认为的那样："对他人的公正就是平等。"[①] 试想，倘若设计行为主体始终以某种精英主义的救世主姿态自居，那么就算他们的确在一定程度上为贫困群体提供了设计服务，但从长远的角度来看，这也不属于真正意义上的"平等"。乔万尼·萨托利（Giovanni Sartori）曾说："两个或更多的人或客体，只要在某些或所有方面处于同样的、相同的或相似的状态，那就可以说他（它）们是平等的。"[②] 显而易见，设计行为主体的上述行为实际上便破坏了双方在社会地位状态上的平衡，故而最终会导致不平等与不公正的现象。伦理学认为："平等是人们相互间与利益获得有关的相同性。这种相同性或者是所获得的利益之本身相同，或者是所获得的利益之来源相同。"[③] 因此，除了上述具体的不平等行为外，设计行为主体应兼顾两类平等性，即"所获得的利益之本身相同"以及"所获得的利益之来源相同"。举例说来，设计行为主体能为非贫困群体提供设计产品使其改善生活与生产方式，就同时也应为贫困群体提供相同或相似的产品来改善生活与生产方式。或者说不因你是贫困人群，就不提供设计产品或只提供粗陋、劣质的产品，否则便是不平等。在这里，设计产品或服务

---

① 亚里士多德. 亚里士多德全集：第八卷[M]. 苗力田，译. 北京：中国人民大学出版社，1994: 278.

② 乔万尼·萨托利. 民主新论[M]. 冯克利，阎克文，译. 上海：上海人民出版社，2008: 372.

③ 王海明. 新伦理学（中册）[M]. 北京：商务印书馆，2008: 879.

之于人们来说就是利益本身，故而实现了上述这种行为的结果就是利益本身的平等。而再比方说，设计行为主体在关怀贫困群体的活动中发挥了主观能动性，创造了形式优美、功能合理的设计产品，那么也应该让贫困群体发挥主观能动性去创造生活。在这里，发挥主观能动性的创造本身不是直接的利益，但却能为人们带来利益，因此关乎的是获得利益之来源方面的平等。这样的情况实际也就从道德原则的角度解释了为何我们在相关活动中必须避免设计行为主体只注重卖弄自己创作意志的行为。因为归根结底，它忽视了贫困群体的真实需求和自主创造性，故而不啻为对公平与正义的漠视。

二、秉持人道主义的最高原则

"人道"一词古已有之，《易·系辞下》载："《易》之为书也，广大悉备，有天道焉，有人道焉，有地道焉。兼三才而两之，故六。六者非它也，三材之道也。"[1]《春秋左传·昭公十八年》载："子产曰：'天道远，人道迩，非所及也，何以知之？'"[2]《礼记·丧服小记》则曰："亲亲、尊尊、长长，男女之有别，人道之大者也。"[3] 不难看出，古之"人道"往往与"天道"相对应，后者是指天之道，即自然的规律；前者则是指人之道，即人际交往之规律，亦可引申为人际交往之行为规范的原理。像传统社会中三纲五常、忠孝节悌、仁义礼智信等都属于此。无怪乎太史公司马迁在《史记》中如是说："人道经纬万端，规矩无所不贯，诱进以仁义，束缚以刑罚，故德厚者位尊，禄重者宠荣，所以总一海内而整齐万民也。"[4] 当然，随着时间的推移，今日该词已多指"人道主义"之"人道"的概念了。而"人道主义（humanism）一词源于拉丁文 humanistas，原意为人性、人道、文明的意思，是一种有关人的本

---

① 十三经注疏整理委员会. 十三经注疏: 卷第八[M]. 北京: 北京大学出版社, 2000: 375.
② 十三经注疏整理委员会. 十三经注疏: 卷第四十八[M]. 北京: 北京大学出版社, 1999: 1373.
③ 戴圣. 礼记: 丧服小记第十五[M]. 崔高维, 校点. 沈阳: 辽宁教育出版社, 2000: 111.
④ 司马迁. 史记: 卷二十三[M]. 北京: 中华书局, 1982: 1157.

质、使命、地位、价值和个性发展等的理论、思潮或文化运动"①。该词最早是由文艺复兴时期以洛伦佐·瓦拉（Lorenzo Valla）和德西德里乌斯·伊拉斯谟（Desiderius Erasmus）等为代表的一批人道主义倡导者提出的。而"人道主义"的思想根源则可以追溯至古希腊罗马时期，正如1960年罗马尼亚科学院举办的《人道主义与我们的时代》讨论会中所说的那样："文艺复兴时代的人道主义在古代著述及希腊艺术中找到了对人的崇敬和理性的礼赞。……所以由赫拉克利特、德谟克利特、亚里士多德、伊壁鸠鲁、菲狄亚斯、欧里庇得斯等大师所代表的希腊进步思想和艺术就是人道主义的一个光辉的阶段。"②

今天我们对人道主义的理解有广义与狭义之分，前者是指"视人本身为最高价值，从而将'善待一切人、爱一切人、把一切人都当做人来看待'当作善待他人最高原则的思想体系"③；而后者则是指"认为人本身的自我实现是最高价值，从而把'使人自我实现而成为可能成为的最有价值的人'奉为善待他人最高原则的思想体系"④。显而易见，对于"设计关怀偏远地区人群"的相关活动而言，不论是广义还是狭义的"人道主义"道德原则，我们都应遵循和坚守。这是因为：

第一，广义的"人道主义"原则是真正善待与关爱偏远地区贫困群体的前提与条件。

如上所述，广义的"人道主义"之内核便是把人当做人来看，将人自身视为最高价值。换句话说，设计行为主体在关怀偏远地区贫困群体的过程中，最先树立的观念便是要重视贫困群体作为人的自身价值，而不是只将他们当作某个设计项目或设计目标中的一个环节与元素，甚至把相关活动看作一种实现设计行为主体自身价值的手段。作为人，贫困群体与非贫困群体一样，有其生命的独特性和自主性。"如果我们尊重一个人，我们就必须肯

---

① 梁德友，傅瑞林. 论转型期中国弱势群体伦理关怀中的人道主义原则[J]. 学理论，2009(32): 1.

② 毕贤. 人道主义与我们的时代[C]// 沈恒炎，燕宏远. 国外学者论人和人道主义：第3辑. 北京：社会科学文献出版社，1991: 745.

③ 王海明. 新伦理学（中册）[M]. 北京：商务印书馆，2008: 971.

④ 王海明. 新伦理学（中册）[M]. 北京：商务印书馆，2008: 971.

定:(一)他的自主性、(二)他的隐私权、(三)他的自我发展的权利。……既然人的尊严是人道主义的前提,那么肯定与坚持人道主义的人——主张与实践爱人、为别人着想的人——就必须肯定与坚持人的尊严,也就必须肯定与坚持人的自由。"[1] 就如同格奥尔格·威廉·弗里德里希·黑格尔(Georg Wilhelm Friedrich Hegel)所说的那样:"成为一个人,并尊敬他人为人。"[2] 所以在广义"人道主义"原则指导下,设计行为主体就应始终将贫困群体视作具有独立属性的人,并切实去调研和考量贫困人群的生活状况、生产方式、文化习俗、致贫原因、真实诉求,从而通过正视和尊重他们的意愿、兴趣、感受、个性、价值、自由及自主性等方面的内容来实施设计关怀活动。倘若没有将广义的"人道主义"原则奉为圭臬,贫困群体便不可能从真正意义上成为被关爱和善待的对象。那么,"设计关怀偏远地区人群"也就只能是一句空话而已。

第二,狭义的"人道主义"原则能为偏远地区贫困群体赢得自我实现的权利。

仅仅将贫困群体当作人来看显然不够,它只不过是设计关怀行为中最初级、外在和表面的理念。而只有当设计行为主体聚焦与维护贫困人群的自我实现之路时,方可以说"设计关怀偏远地区人群"达到了善待他人的最高层次,从而进入"至善"的道德境界。换言之,即便设计行为主体异常关爱偏远地区贫困群体,夸张一点来说,甚至不惜为其牺牲一切,但始终强迫贫困群体必须处处按照设计行为主体的喜爱与好恶行事的话,那么贫困人群根本谈不上自我创造性价值的实现,也就不可能真正实现"精神幸福",于是"人道主义"的原则依然处于被践踏的情势之下。因此,在尊重偏远地区贫困群体的同时,还需深切理解他们,以他们的视角而非自己的意愿去为贫困群体提供各种可以通过设计来自主脱贫、发挥主观能动性的机遇,也就是"使人成为人"而不仅仅是"将人当人看"。毕竟,人格是"人与动物相区分的内在

---

① 林毓生.热烈与冷静[M].上海:上海文艺出版社,1998:184-185.

② 黑格尔.法哲学原理[M].范扬,张企泰,译.北京:商务印书馆,1979:46.

规定性，是人的尊严、价值和品质的总和，也是个人在一定社会中地位和作用的统一"①。中国著名教育家鲁洁教授在谈及人对人的理解时曾说："狄尔泰也认为理解是通过自己的类比、想象、领会而把握其他具有主体性人格的人的特点。应当说，人对人的理解的过程是人以他的全部精神因素以期全面、完整地去把握自我或他人的精神、意义与价值。"② 设计行为主体应用心去观照贫困群体自我实现的价值追求，以"将心比心"和"设身处地"的立场，扶助他们追求"精神幸福"和"创造性幸福"，并时刻以贫困人群的意愿、诉求、价值来规范自己的行为。

毋庸置疑，"人道主义"的实质不但在于其拥有道德意蕴，而且主要在于它是社会治理的最高道德原则。它不仅对于人的行为加以规范和约束，而且还是成就道德理想型社会的必要条件和手段。美国著名学者保罗·库尔茨（Paul Kurtz）曾说："人道主义者面临的问题是创造把人从片面的和扭曲的发展中解放出来的条件，把人从压迫人、使人堕落的社会组织中解放出来，从毁灭和破坏人的天赋的环境中解放出来，使人过上真正的生活。人道主义者也许在如何建立正义和平等的社会的方法方面不一致，但他们拥有共同的至善生活的理想和达到这一理想的目标。他们关注着创建这样一个社会：人们能够享受现代技术和自动化的成果，拥有充裕的闲暇时间。"③ 同样的道理，具有人道主义情怀、秉持人道主义原则的设计行为主体必然也是希冀着能为偏远地区贫困群体带来现代设计的成果，实现他们自我创造的能力，使他们过上真正幸福的生活。

三、遵循"善"的行为规范

道德的总原则就是"善"④，不管是"公平""正义"，抑或"人道主义"，

---

① 罗国杰. 伦理学[M]. 北京：人民出版社，1989: 438.
② 鲁洁. 人对人的理解：道德教育的基础——道德教育当代转型的思考[J]. 教育研究，2000(7): 4.
③ 保罗·库尔茨. 保卫世俗人道主义[M]. 余玲玲，杜丽燕，尹立，等译. 北京：东方出版社，1996: 76.
④ 王海明. 新伦理学（中册）[M]. 北京：商务印书馆，2008: 635.

甚至"幸福"都是"善"。在维护公平正义、秉持人道、追求幸福的前提下，"设计关怀偏远地区人群"的行为活动还应有具体的道德规范，这主要集中体现在"帮扶贫困群体树立自尊意识""构建有节制的设计行为规范""成为有良心的设计行为主体"三个方面。它们实际上是对上述两类道德原则的具体实施，是对道德之"善"的具体反映。

（一）帮扶贫困群体树立自尊意识

前文的阐析已经透露了这样一个信息，即"设计关怀偏远地区人群"之终极目标的着力点其实是让贫困群体能通过自己的双手实现自己的"创造性幸福"；而之所以维护公平和正义的原则，最重要的原因之一就是此过程能确保贫困群体自我价值的实现；至于对人道主义的不断申述，则更是要强调尊重他们的自主性与人的价值。不难发现，无论是"设计关怀偏远地区人群"的终极目标还是它的道德原则，其核心目的最终皆可归结为一点，就是以设计的力量来培养偏远地区贫困群体的自尊意识，从而通过自我创造，构建有尊严的生活。当然，这仅凭贫困群体一己之力难以达到，所以尚需要对设计行为主体的活动提出进一步的要求。

伦理学对"自尊"作如是解："所谓自尊，就是使自己受尊敬的心理和行为，也就是使自己受自己和他人尊敬的心理、行为：使自己得到尊敬的心理，叫作自尊心；使自己得到尊敬的行为，叫作自尊行为。"[①] 一个人如若想获得"自尊"，其前提就必须使自己变得有价值、有作为，并在此基础上逐步建立起自信。罗尔斯在其《正义论》一书中说道："我们可以指出自尊（或自重）所具有的两个方面。首先……它包括一个人对他自己的价值的感觉，以及他的善概念，他的生活计划值得努力去实现这样一个确定的信念。其次，就自尊总是在个人能力之内而言，自尊包含着对自己实现自己的意图的能力的自信。"[②] 据此观之，在"设计关怀偏远地区人群"的活动中，贫困人群

---

① 王海明. 新伦理学（下册）[M]. 北京：商务印书馆，2008: 1400.

② 约翰·罗尔斯. 正义论[M]. 何怀宏，何包钢，廖申白，译. 北京：中国社会科学出版社，1988: 1.

"自尊"意识的培养，就需要借助设计力量去不断挖掘和实现贫困群体的自我价值，使其能感受到设计之于改变生活方式的意义与作用，并进一步建立起可以通过自己的能力来扭转生活状态，或对社会生产与生活有所贡献的信念。然而值得注意的是，设计行为主体一方面在帮扶贫困群体树立"自尊"意识的同时，另一方面还必须逐渐削弱和消除他们的"自卑"意识。毋庸赘言，"自卑"是"自尊"的对立面，是妨碍人们建构自尊心和自尊行为的最大阻力。冯友兰先生就曾如是说："无自尊心的人，认为自己不足以有为，遂自居于下流，这亦可以说是自卑。"① 当然，对于偏远地区贫困群体而言，导致自卑的因素非常复杂，并且也不是每个人都有一定的自卑意识。但从总的范围来看，因贫困而缺乏一定的生存与发展能力，或因缺乏必要的能力与权利而致贫的现象的确是产生自卑心和自卑行为的罪魁祸首之一。那么，究竟设计行为主体如何扶助偏远地区贫困群体建立自尊、摒弃自卑呢？

事实上，就如同"幸福"的类型一样，"自尊"与"自卑"的意识也主要集中反映在物质、社会（人际）与精神三大领域之中。一旦在此三类领域中成就了人们的能力与价值，也就意味着有可能逐步建立起他们认知世界和改造世界的自信心，进而因此能依靠自己来实现物质、社会（人际）与精神的幸福。换言之，构建自尊心与自尊行为是偏远地区贫困群体为自己创造幸福生活的必要条件之一。而具体说来，设计行为主体除了前文提及要弘扬人道主义精神，尊重和理解贫困群体外，还应做到如下几点：

首先，帮助他们获得在增加收入、提高生产、改善生活等方面的自信与自尊。

这就要求设计行为主体不仅能直接给予设计产品，还能主动接纳贫困群体参与设计，甚至辅助他们独立完成设计，并为其开拓设计市场，切实在增加经济收入方面赋予他们更多的能力和权利。与此同时，还应传承、保护和利用原有某些低碳、环保、健康和可持续性的物质生产方式，完善、优化和改造低效、老旧、有安全隐患的生产方式。此外，还需通过现代设计的思维

---

① 冯友兰.三松堂全集：第4卷[M].郑州：河南人民出版社，2001：400.

和理念，不断引导贫困群体去变革旧有的生活条件、起居环境和生存状态，使其提升物质生活领域的优越感与自信心。

其次，为他们提供与设计有关的社会资源和机遇，并借此拓展其人际交往的能力。

除了那些显性的物质帮扶外，设计行为主体还需更多关注贫困群体的社会归属感、被爱的需要和被尊重的诉求。因此，前者可基于互联网与新媒体时代的优势，以设计为载体，为后者搭建参与社会性事务的平台，为其提供相关人力、资金与技术方面的资源和支撑，织就透过设计之窗接触世界的社会关系网，驱动贫困人群养成通过设计的方式主动拥抱社会与他人的意识与信念。

最后，协助他们激活认知和改造世界的主动性和热情，提升其审美意识，实现自主创造。

前文已多次谈到设计对于人们认知世界的价值与意义，所以设计行为主体应时常以潜移默化的形式提供设计指导、设计培训、设计教育、设计宣传等形式的相关服务，并将其与贫困群体的日常生活深度融合，使他们在切身感受设计改变生活的同时，学会运用设计的视角去观察、体悟和认识世界，形成有自主创新性的审美意识和取向，最终趋向自觉创新与创造的态势，逐步取得精神领域里的成就。

归根结底，上述这些内容就是要通过规范设计行为主体的活动在道德范畴内保障贫困群体能从积极的意义上维护自我，"支配自己的生命、身体、观念、自由和财产"[1]，进而体现"作为一项权利的人的尊严"[2]。

（二）构建有节制的设计行为规范

《孟子》曾载："公都子问曰：'钧是人也，或为大人，或为小人，何也？'孟子曰：'从其大体为大人，从其小体为小人。'"[3] 孟子的"从其大

---

① 甘绍平. 人权伦理学[M]. 北京：中国发展出版社，2009: 156.
② 甘绍平. 人权伦理学[M]. 北京：中国发展出版社，2009: 156.
③ 孟轲. 孟子[M]. 万丽华，蓝旭，译注. 北京：中华书局，2006: 257.

体""从其小体"本是说君子与小人的区别在于前者能顺应重要器官的需要而行事，后者则反之。但从其后与公都子的进一步对话中不难看出，"大体""小体"之辨实质上是指作为君子，应听从掌管理智的心，而不应只流连于诸如耳目之类的感官所引发的情欲。孟子的这一言论不知不觉中已将"大体""小体"的关系上升到伦理学所研究的道德规则体系中，用其术语描述就是"节制"。它所控制的对象是不理智的情欲，此即是说，高尚的人应能做到情欲服从理智。诚如蔡元培先生所言："自制者，节制情欲之谓也。"①不仅如此，"节制"曾被誉为古希腊四主德之一，是公认的美德。它作为一种行为规范，指导着多种多样的理性活动。柏拉图在《理想国》中这样写道："一个人的较好部分统治着他的较坏部分，就可以称他是有节制的和自己是自己的主人。"②亚里士多德也说："有自制力的人服从理性，在他明知欲望是不好的时，就不再追随。"③伦理学对它的定义则是："所谓节制，亦即自制，是受理智支配而不做明知不当做之事的行为。"④

可是，为何我们要在"设计关怀偏远地区人群"中强调"节制"的行为呢？因为这是对设计行为主体提出的道德规范，是维护公平正义、秉持人道主义原则的具体体现。不难想象，倘若在相关活动中，设计行为主体不受理智的约束，仅听凭自己的感受，为所欲为的话，那么从本质上说，这只不过是关心自己胜于关怀他人的行为，同时意味着他们不可能再端正自己应有的立场和位置，不再会去正视贫困群体的真实需求与困境，故而妨害了平等原则，更遑论尊重和理解贫困人群了。从前文述及相关活动的终极目标来看，但凡没有"节制"的设计行为，最终不可能真正立足贫困群体，为他们创造幸福美好和有尊严的生活。因此，只有当设计行为主体遵从智慧的指引，听命于理智的安排，方能使设计行为符合道德的标准，成就一种"善行"。而在"设计关怀偏远地区人群"的活动中构建有"节制"的设计行为规范就需要

---

① 蔡元培，高平叔. 蔡元培全集：第二卷[M]. 北京：中华书局，1984：176.

② 柏拉图. 理想国：第二卷[M]. 郭斌和，张竹明，译. 北京：商务印书馆，1986：150.

③ 亚里士多德. 亚里士多德全集：第八卷[M]. 苗力田，译. 北京：中国人民大学出版社，1994：139.

④ 王海明. 新伦理学（下册）[M]. 北京：商务印书馆，2008：1414.

做到以下两点。

第一，设计行为主体应不以自己为中心，时时约束和克制无理、失当的欲望与情绪。

"节制"从类型上可分为两种，即"节欲"和"节情"。毋庸赘言，前者是通过理智控制和支配欲望；后者则是以理智支配感情。而"节制的根本，在于节欲。因为情不过是欲之满足与否的心理反应：欲是源，情是流"①。因此，设计行为主体服务偏远地区贫困群体时，最先需要掌控和克制的便是自己的物欲，尤其是对于物质或经济回报的渴求。本来"设计关怀偏远地区人群"就是符合优良道德价值的善行，虽然属于"不完全强制性义务"，但它仍然需要设计行为主体以一颗仁爱、慷慨、利他的心来观照贫困民众。当然，现实情况不可能要求每位设计行为主体都全然是无偿地、公益地去从事相关活动。可是，向偏远地区贫困人群索取物质回报，或完全出于经济目的、唯利是图的行为，显然便是不当和失范的，其结果也必然不可能是一种"善行"。尤其是那些仅付出少量劳动，却要求高额回报的现象更应完全杜绝。所以这就需要行为主体服从理智，控制物欲，做到不漫天要价、不胡乱收费。

此外，"节欲"的另一层意思还在于要求设计行为主体掌控自己的表现欲、创作欲，不应将个人的主观判断和审美意识强加于偏远地区贫困群体，不应在相关活动中把玩小众情调和抒发个人情绪，进而致使相关活动沦为表达和彰显自己艺术创作意志的舞台与秀场。诚然，艺术设计确乎需要创作激情的挥洒、创作观念的翻新、创作风格的塑造、创作理想的追求等一系列推动设计不断发展和精进的动力。但关键在于，与其说"设计关怀偏远地区人群"是一种设计行为，倒不如说它是具有社会救助或扶贫性质的"反贫困"的手段，是"戴着镣铐跳舞"的行为活动，而此"镣铐"便是偏远地区贫困群体的切实诉求。所以，它并不以表达艺术、展现审美为最终目的，于是也就必然需要设计行为主体做到克己、自制。至于"节情"方面，显然也是要求设计行为主体在上述两种"节欲"的基础上合理把控自己的情感与情绪，始

---

① 王海明. 新伦理学（下册）[M]. 北京：商务印书馆，2008: 1414.

终顾及贫困群体的感受，不断赢得他们的信任和理解，而不是恣意放纵自己的喜怒哀乐。

第二，设计行为主体应基于偏远地区贫困群体的需求，围绕设计的功能，提供有节制和适度的设计产品。

正是由于设计行为主体在相关活动中需要节制自己的表现欲和创作欲，因而他们给予贫困群体的往往是那些在风格与样式上都较为适度的设计产品。自设计领域引入伦理维度之后，人们便开始对那些过度的设计提出了各种反诘与批评。像张道一先生就曾说过："所谓'豪华''奢侈'，虽然没有绝对标准，但也只能适度。'物无美恶，过者为灾。'"[①]的确，设计不是标榜自我意识、卖弄形式技巧的工具。特别是针对偏远地区贫困群体而言，设计过程中更要充分考虑和照顾到他们的鉴赏能力和认知水平，不应出现那些令人费解、难以接受的设计形制，更不能"以文害质""以文害用"。毕竟针对偏远地区贫困群体提供的设计产品最首要的目的是改善生活和缓解困顿，而不只是为了艺术而艺术。所以，功能性是这些设计最应凸显的属性。

但是，即便强调功能，也要有所节制。换言之，针对功能而展开的设计活动亦是过犹不及。当后现代主义设计方兴未艾之时，诸多激进的设计师及理论研究者便已然开始反思和辨析现代主义"功能领先"的意识和过分强调"功能崇拜"的得失。诚如前文提及孟菲斯集团的创始人索特萨斯所说，功能"是产品与生活之间一种可能的关系"[②]。不难觉察，今天的设计产品其功能之强大已达到了无以复加的程度。环顾四周，不论您挑选哪一款智能设备或电子产品，大都拥有"大而全、小而全"的功能，似乎只要有了这个设计，俨然就可解决生活中所有的问题。表面上，"炫酷"的多功能体验确实能吸引用户为之驻足，然而扪心自问，一款智能设备集万千功能于一身，您日常所用又有几何？更何况，为偏远地区贫困群体提供的设计产品讲求惠而

---

① 　"物无美恶，过者为灾"出自宋朝著名词人辛弃疾的一首《沁园春·将止酒，戒酒杯使勿近》中，原句为"况怨无大小，生于所爱；物无美恶，过则为灾"。此处，张道一先生将"过则为灾"写为"过者为灾"，故此加注。见：张道一.设计道德——设计艺术思考之十八[J].设计艺术，2003(4)：5.

② 　华梅.世界近现代设计史[M].天津：天津人民出版社，2006：262.

不费、物美价廉、经济耐用、低碳环保。过多的功能不仅抬升了产品的价格，造成浪费，而且会令贫困人群在复杂的用途面前变得束手无策。"人与物的关系由于一味追求功能而被颠倒过来，必然从心理和精神方面伤害人的自尊，也阻碍了人的本质力量的发挥。"[①] "节制" 正是要通过规范设计行为主体的活动来体现正确、理性和适度的诉求，并将是否能协调人与自然、人与社会、人与人之间的关系纳入视野。

（三）成为有良心的设计行为主体

不言而喻，设计伦理的引入正是设计要求自身不断探索优良道德价值的必然结果。而"良心"显然是对设计行为主体的活动是否符合优良道德价值而提出的一项重要要求。诚如张道一先生所言："不论是商业经营者还是艺术设计者，都应该自我尊重，将商业道德、设计道德放在第一位。我因为是站在艺术的角度讨论问题，只说艺术家的良心最重要。"[②] 非但如此，"良心"属于伦理学范畴，是每个具有道德意识的人都在不断追求的道德评价，"因其源于每个人都有做一个好人的道德需要，因其为美德而求美德的本性，不但具有使人可能达到无私利人的道德最高境界之作用，而且同样具有使每个人遵守道德的巨大作用"[③]。设计行为主体具有良心的道德意识越强，其行为便更易符合正道德价值，设计领域乃至整个社会的道德风气也就越优良。准此观之，"设计关怀偏远地区人群"的活动也必然要求设计行为主体应具有"良心"。

伦理学认为："良心是每个人自身内部的道德评价，是自我道德评价，是自己对自己行为的道德评价，是自己对自己行为道德价值的反映。"[④] 从这个意义上说，设计行为主体若想在关怀贫困群体的过程中体现"良心"，或者说成为一个有"良心"的人，就必须完善自我道德之心，也就是说，设计

---

① 诸葛铠. 设计艺术学十讲[M]. 济南：山东画报出版社，2006: 76.
② 张道一. 设计道德——设计艺术思考之十八[J]. 设计艺术，2003(4): 5.
③ 王海明. 新伦理学（下册）[M]. 北京：商务印书馆，2008: 1456.
④ 王海明. 新伦理学（下册）[M]. 北京：商务印书馆，2008: 1443.

行为主体在"设计关怀偏远地区人群"中的"良心"源自其自身的内省，是他们对于自身设计行为及设计结果的道德评判。不难理解，如果他们的活动能维护公平正义，弘扬人道主义，遵循道德行为规范，符合优良道德价值，那么正常情况下，设计行为主体便不太可能会觉得自己是没有"良心"的。更何况，如前所述，"设计关怀偏远地区人群"之终极目标的最高道德境界是"至善"，是利他，是为"偏远地区贫困群体创造幸福生活"的幸福体验。而"一个人受良心驱使，便会无私利人，便会使人达到最崇高的道德境界"①。而这里则涉及了"良心"的两种类型，即"良心满足"和"良心谴责"。前者是设计行为主体对自己符合正道德价值的行为的肯定反映、评判，及其情感满足。像摒弃精英姿态，针对贫困群体开展设计关怀，为他们提供设计服务或帮扶，并在此过程中秉持低碳、环保和可持续性的设计理念；强调精工细作、精益求精，发扬"匠人"精神，杜绝以次充好的设计活动；不以把玩形式、卖弄技巧为目的设计方法；合理收费、不漫天要价的设计态度等这些具有正道德价值的知、情、意、行，都可以促成设计行为主体的"良心满足"。而至于后者，则是与"良心满足"相对的自我道德评价，是对设计行为未能达到正道德价值——或者说是对设计行为负道德价值——的自我否定。值得一提的是，无论是"良心满足"还是"良心谴责"其出发点都是善的，是自我良知的发现，是对自己设计行为负责、矫正错误设计行为及延续或开启正确行为的原动力之一。因此，"良心谴责"亦属于"良心"范畴。试想，能因在设计活动中没有很好地尊重、理解贫困群体而感到羞愧的设计行为主体，总比那些连此相关意识都没有的设计行为主体更有可能在今后的活动中对自己的行为进行纠错、改正，从而使自己的行为步入正轨，符合正道德价值。这就像王阳明所说的那样："无善无恶是心之体，有善有恶是意之动，知善知恶是良知，为善去恶是格物。"② 因此，无论是设计行为主体的"良心满足"还是"良心谴责"，都能在一定程度上推动"设计关怀偏远地区人群"的行为规

---

① 王海明. 新伦理学（下册）[M]. 北京：商务印书馆，2008: 1473.

② 王守仁. 传习录校释[M]. 萧无陂，校释. 长沙：岳麓书社，2012: 174.

范化及普及化。这同时也从一个侧面说明了有学者提出在设计教育中要引入"良心教育"①的重要性，因为它能从源头上使设计行为主体树立"良心"的观念和意识。

或许有人会提出疑问：既然"设计关怀偏远地区人群"存在设计行为主体的自我道德评价，那么按理说是不是还应有外部的道德评价？答案是肯定的。在美德伦理学的研究中，与"良心"关系非常紧密的另一道德评价是"名誉"，它便是社会对行为主体的道德评价。"名誉"从另一个角度来说就是好的名声，是一种光荣或荣誉，与耻辱截然相反。张道一先生就曾说过："谁不愿意自己的设计在社会上得到好评呢？因此要爱护自己、尊重自己，唯有如此才能爱护别人、尊重别人。"②虽然他没有明确提出"名誉"二字，但其观念的道德内涵无疑和"名誉"有关。从常理上来说，但凡有良心的设计行为主体应该没有哪位愿意将自己的行为和作品永远钉在设计史的耻辱柱上。并且，也只有当真正为偏远地区贫困群体提供了有良心的设计活动，他们才有可能获得社会对他们在道德范畴内的肯定，维护自己的声誉。此即是说，设计行为主体的"良心"与"名誉"其实是同一的，前者是后者的内化，后者是前者的外化。伦理学是这样认为的："因为当自己像自己评价他人那样——或者像他人评价自己那样——来评价自己时，名誉便变成了良心……当自己像评价自己那样来评价他人时，良心便变成了名誉。"③

非但如此，设计的"良心"与设计的"责任"之间似乎也有着某种必然的联系。事实上，前者既是对设计行为及其结果的一种道德评价，同时也是在履行后者过程中的一种道德意识。此即是说，"良心"是人们在从事设计活动时感到应有的责任，从而对相关活动尽责的知、情、意、行。不难想象，一个没有良心的设计行为主体绝对不可能为贫困群体提供有责任的设计。

因此，在"设计关怀偏远地区人群"中倡导设计良心的一个重要作用就是它同时也在自觉或不自觉地推动着设计行为主体去塑造对相关名誉进行维

---

① 吴婕. 艺术设计教育中的"良心教育"研究[J]. 太原师范学院学报（社会科学版），2016(6): 126.
② 张道一. 设计道德——设计艺术思考之十八[J]. 设计艺术，2003(4): 5.
③ 王海明. 新伦理学（下册）[M]. 北京：商务印书馆，2008: 1450.

护的道德意识和行为，二者的同一性成为一种评价内核，很大程度上决定了设计行为主体是否真正关怀贫困人群，其行为结果是否为"善"；而另外一个重要作用就是不断从内外两个方面规范设计行为主体的活动，使其能真正履行自己应有的义务，完成自己应尽的责任和使命。

CHAPTER 5

第五章

设计关怀偏远地区人群的实践解析

本书开篇就提到了那句"穷人没有设计"的论述,这本是罗伯特·修斯有感于设计往往总是为权贵或精英阶层服务的一句不忿之言,却也没曾想到它着实在很长一段时间里反映出设计对待"贫困问题"的真实态度。时至今日,越来越多的有识之士和有志之士业已意识到问题的严重性,并努力通过身体力行去扭转原先的形势。但那些有益的尝试却大体如杯水车薪,相对于贫困群体及其需求的总量来说不过是隔靴搔痒而已。尤其是这些实践活动多数缺乏有意识和系统化的伦理学指导与道德行为规范。然而即便如此,我们亦不能抹杀他们为贫困群体所作出的贡献。至少,其中一些像英国"实际行动"组织、美国"良心设计"运动以及中国的某些实践活动等还是值得我们从设计伦理的视角加以解析的。这不仅是由于它们相对来说较为成熟,有着一定的示范意义,而且更为主要的原因是梳理和总结相对成功的经验有助于凸显设计伦理的重要作用,能从理论和实践两方面为今后的相关活动提供富有伦理意蕴的明确思路与精进方向。

第一节 英国"实际行动"组织的实践分析

近年来,英国"实际行动"(practical action,PA,如图 5-1 所示)组织在设计关怀偏远地区贫困群体的方面做出了一定的表率。它是一个放眼发展中国家，立足贫困民众的非政府性组织，总部位于英国的拉格比市（Rugby），前身是 1966 年由激进的经济学家和哲学家弗里茨·舒马赫（Fritz Schumacher）成立的"中级技术发展组"（Intermediate Technology Development Group，ITDG）。该组织经过几十年的努力，使众多欠发达国家和偏远地区的贫困人群都能沐浴在"善"的设计关怀之下，这也为当下相关设计行为和过程提供了诸多借鉴和启发。

图 5-1　英国"实际行动"组织的 Logo

一、英国"实际行动"组织概述

英国"实际行动"组织的创立得益于英国一些专业人士及工业专家的推动。该组织很早就敏锐地发现了世界范围的贫困和失业危机，于是成立救助公司（具有代理性质），通过慈善捐款和相关捐赠来保障其在发展中国家所开展的救助活动，并使贫困群体能通过自己的努力逐渐摆脱贫困。他们最常见的救助方式是提供"中级技术"及相关设计服务。

"中级技术"的概念最早由该组织的创始人弗里茨·舒马赫在 1963 年"印度的规划任务"会议上提出，并随后在 1964 年"有关农村工业发展的剑桥会议"上被重申。当时一批创立"中级技术发展组"的早期成员就已然意识到，贫穷国家的偏远农村地区是世界贫困和欠发达的主要原因和中心，并且这些地区的贫困现象还在不断增长，只有通过"自助式"和大规模的救助才有可能缓解现状。但遗憾的是，就当时情形看来，某些提供捐赠或救助的国家及代理无法通过一种适度的技术和有效的帮扶来解决偏远农村发展问题。一些技术及手段必须具有适应性，能恰到好处地为贫困民众所用，符合当地的实际情况，它们应该足够廉价且不能过于繁复、精密，还可大规模地为小城镇地区的贫困人群所掌握和使用。

弗里茨·舒马赫在 1965 年的一篇论文中呼吁，应根据发展中国家贫困民众的实际需求和技能来提供"适度"和"中级技术"的设计产品。他的这些见解和主张无论在英国本土还是海外，都得到了一些学术机构、政治家和发展组织的积极响应。最后，"中级技术发展组"的成立终于由"一批在英国工业领域有丰富海外经历的有识之士促成，并且他们的行动为实现'中级技术'奠定了一定的基础"[①]。而"中级技术"的理念也逐渐开始得到践行。

所谓"中级技术"实际指那些既非前沿尖端的科技，又非过时淘汰的技术，而是介于二者之间，恰好符合贫困民众需求的设计技术类型。该组织创立的初衷就是通过有组织、系统化的服务，为贫困国家及民众带来低成本、自助性的中级技术，以适应他们劳动密集型和小规模的发展。[②] 虽然该组织主要强调技术的应用，但它技术的物化实体则最终是设计，尤其是建筑和产品设计，力求以自己的实际行动来关怀生活窘迫的贫困人群。

但毋庸讳言的是，该组织在实施设计救助之初，显然遇到一些棘手的问题。首要问题就是，它所提供中级技术及设计服务的规模和数量是否能满足贫困民众的需求？而贫困群体在不知道所谓的中级技术及设计服务的前提下，有哪些需求？面对这些问题，该组织意识到，最首要的任务就是尽可能多地搜集人们的实际要求和细节信息，对此展开具体而适度的设计服务，并不断与他们沟通，让他们了解这些技术和设计如何能为其生产及生活带来便利和好处。

---

① Schumacher E F. The Work of the Intermediate Technology Development Group in Africa[J]. International Labour Review, 1972, 106(1): 75.

② Schumacher E F. The Work of the Intermediate Technology Development Group in Africa[J]. International Labour Review, 1972, 106(1): 76.

因此，该组织刚一成立就开始做大量的调研工作，汇编各种"中级技术"数据，并在可操作的条件和环境中测试他们，而最先开展的事务便是为"英国国家出口委员会"（British National Export Council）向尼日利亚出口农具提供了一份"手工和畜力设备目录"（Directory of Hand and Animal Drawn Equipment）。其后不久，又出版了《工具用于进步》（Tools for Progress）一书，为贫困地区的民众介绍了英国小型工具的设计样式和特征。

他们最早开始具有真正意义的救助活动主要是在非洲偏远贫困地区针对建筑领域提供相关设计和设计服务。随着时代的发展和价值意识的转变，一些偏远地区的人们已不再满足于只获得能够遮风避雨的庇护所，而是越来越多地向往那些像学校、诊所、邮政局、道路和桥梁等能满足当地生活、生产、教育、通信需求的建筑形式。因此，为援助发展中国家的建设和适应贫困群体的诉求，该组织提供了大量的实用建筑样式和类型，并且，在实施设计救助的过程中他们发现，建筑领域的设计救助其实不只是提供房屋那么简单，它更多地表现为一项复杂的系统工程，既对设计技巧、技术等方面提出严格的标准，还对设计、人员、材料、规划的管理以及具体实施和生产有着苛刻的要求。但是，这也为当地的贫困民众带去利好，因为很多技术是植根于他们自己本地或土著的传统，一些实施方案的人员或工人就是当地贫困居民，而建筑用料也多为就地取材。这在很大程度上为贫困群体提供了一定的就业机会，增加了他们的收入，降低了生产和建造的成本。非但如此，该组织还积极呼吁，人们对偏远贫困地区建筑研究和考察的视角，应更多地聚焦在提供的设计救助方面，而不是在建筑物本身。

1968年以后，该组织的救助活动已覆盖建筑设计、农具设计、水利设计、小型工业设计等，涉及饮食、农村医疗、电力、教育培训及妇女活动等多个领域。例如，1970年该组织在英国本土研发了一项小体量、廉价的水利技术，专门用来解决旱区贫困民众用水困难的问题。这项技术的具体实施是通过一个系统设计而实现的——多功能装置可以用来获取、传输和净化水源。其原理是一旦降雨，该设计可毫不浪费地将雨水引入大型水箱，并在其中进行多次净化和过滤，在需要时还可通过传送装置输出干净的水源。值得一提的是，这样一套造价并不昂贵的设备甚至能满足整个村庄、农场或一些家庭在旱期的用水量。再如，该组织针对赞比亚贫困民众推行了一个"农业小组"（Agricultural Panel）项目，目的是设计、提升、改造当地的农具和设备。该项目由伦敦大学、锡尔索（Silsoe）国家农业工程学院、赞比亚政府、尼日利亚政府和坦桑尼亚政府协作完成。该项目的核心在于围绕农业减产的原因，改进农具设计，并提供相关农具设计的知识和服务，最终使贫困农民能轻松使用农具并获得农业丰收。除此之外，该组织还通过小型工业产品的设计来为偏远贫困地区提供优良的皮革加工机、手工艺设备和纺织机等，便于当地民众切实有效地增加自己的收入，并实时开展设计、制造知识的培训和教育，让贫困民众自己掌握相关技术。

可以说，该组织的每项工作都坚持面向贫困群体的具体需求，且设计构想是否可行还必须在海外的项目实施过程中加以验证，最终目的不在于强调提供现有的设计扶助和发展项目，而是扭转以往人们对待贫困国家或偏远地区的错误观念，正确认识其贫困现状，根据人们的需求切实开展活动，从而使贫困民众能从中获得自我救助、自主脱贫的方法。[①]

该组织在海外的每项救助活动，往往由一个专业团队负责推进。他们实施设计救助的理念基于这样几点考量。

第一，贫困群体所需求的技术性和系统性的信息能被轻易获取，一些设备、产品的设计必须轻便简洁；

第二，无论是组织内部或与外部的沟通都必须通畅，以便随时掌握贫困民众的动向和需求；

第三，尽量做到能在世界范围内提供积极的"中级技术"和设计救助；

第四，成员的工作不完全局限于某单个项目的实施，他们应能自由地被协调和分配于各个项目之中。

---

① Schumacher E F. The Work of the Intermediate Technology Development Group in Africa[J]. International Labour Review, 1972, 106(1): 77.

此后的十几年时间里，该组织在为贫困群体设计和提供相关设计服务的事业中可谓功勋卓著，以至于 1980 年，英国查尔斯王子（HRH Prince Charles）亲自参观了该组织在欣菲尔德（Shinfield）策划的一次"中级技术"产品和工具设计展，并于事后同意成为该组织的赞助人。①

2005 年"中级技术发展组"正式更名为"实际行动"组织，目前在逾 40 个发展中国家和偏远地区开展设计救助和推行"中级技术"，并在肯尼亚、津巴布韦、卢旺达、塞内加尔、苏丹、秘鲁、玻利维亚、尼泊尔、印度和孟加拉国等国设有相应机构。如若说"设计为人民服务，即设计行为的目的指向是广大人民，其设计行为必然为善行"②，那么"实际行动"组织以一种"中级技术"的力量为贫困民众造物的行为也确乎是一种"善行"。毕竟，贫困群体作为最广大劳动民众的重要组成部分，生活的困顿并不能将其排斥在设计关怀的视域之外。

二、"实际行动"组织"设计救助"的活动考察

由上文所述可见，"实际行动"组织为贫困群体提供"设计救助"的活动无疑是一种符合道德价值的行为，因此对其相关活动的考察与研究就必须借助设计伦理的视角加以分析。

（一）功能之"善"——提供最基本的物质性利好

许慎从辞源上解释道："善，吉也，从言从羊，此与义、美同意。"③《新牛津英语词典》也对"善"（good）如是解释："需求被满足或赞美……表示美德……"④ 伦理学中"善"的概念与这些含义相同，并与"好"及正价值的概念无异。也就是说，"设计救助"显然是一种义举，是"好"的行为，具有

---

① Practical Action. Expansion, History, Who We Are[EB/OL]. (2014-01-06)[2019-01-15]. http://practicalaction.org/history/January 6, 2014.

② 李砚祖. 设计之仁——对设计伦理观的思考[J]. 装饰，2007(9): 8.

③ 许慎. 说文解字: 卷三上[M]. 南京: 江苏古籍出版社，2001: 58.

④ 皮尔素. 新牛津英语词典[M]. 上海: 上海外语教育出版社，2001: 789.

正价值。不仅如此，"善"还"是一切事物对于主体需要、欲望、目的的效用"①。斯宾诺莎也曾如是说："所谓善，是指我们所确知的对我们有用的东西。"② 前文我们也已经分析过，"设计关怀偏远地区人群"之终极目标的其中一层最基础的道德境界就是为贫困人群提供"善的事物"，而"善的事物"便是"有用的东西"。它意味着对一定需求的满足，诚如冯友兰先生所言："人生而有欲，凡能满足欲者，皆谓之好。"③

"实际行动"组织为贫困民众提供设计产品及相关服务的首要目的便是使他们从设计救助的善行中获得"好"的、"有用的东西"。而其中最显而易见也是最大的"好"莫过于能满足贫困群体一定的功能性需求，给他们带来生活的便利、帮助与关心。1968 年以后，该组织就坚持面向贫困民众，着手寻求适应偏远贫困农村具体发展需求的基础性产品设计。④

图 5-2　健康"烟罩"设计示意

该组织经过调查发现，非洲偏远贫困地区的民众通常缺乏电力资源，长期使用简陋的厨灶烹饪，以木材及动物粪便等作为固体燃料，带来了严重的烟尘污染，每年约有 160 万人因此丧命。为此，他们设计了一款简约的"烟罩"（smoke hood，如图 5-2 所示），并在非洲某些有特别需求的国家先行试用，而后再推广至尼泊尔的偏远贫困地区。这种烟罩无需动力驱动，利用冷热空气对流的原理，引入新鲜空气，将有毒废气逼入烟筒，排出屋外，有效地减少了近 70% 的烟尘损害。并且，它的体量不大，与普通油烟机的形制相

---

① 王海明. 新伦理学：上册[M]. 北京：商务印书馆，2008: 197.

② 斯宾诺莎. 伦理学[M]. 李建，编译. 西安：陕西人民出版社，2007: 187.

③ 冯友兰. 冯友兰文集：第1卷[M]. 长春：长春出版社，2008: 243.

④ Schumacher E F. The Work of the Intermediate Technology Development Group in Africa[J]. International Labour Review, 1972, 106(1): 77.

似，但使用白铁皮制作，价格低廉，安装方便，只需普通工具，固定两个必要的位置，便可在很小的窗户或低矮的屋檐上使用，既满足了烹饪的需求，又适应了局促狭小的厨房环境。

还是在肯尼亚，作为该组织前身的"中级技术发展组"曾设计过一种独特的"节能炉"（fuel-efficient stoves）。它以一种共享的方式确保这一设计能满足当地社区的需要，人们只需运用少量的土著知识即可方便使用。它有出烟量小，更安全、便捷和健康的特点。此举将工业设计与"发展及人道主义援助"项目完美结合，被"设计无国界"（Design Without Borders）组织列为经典案例①。与之相似，2008 年"实际行动"组织为苏丹喀土穆（Khartoum）的贫困民众设计了一款黏土炉子（the improved clay stove），通过改良当地原有炉具炉壁的厚度、着热点的位置和炉门的大小，使燃料充分燃烧，并具有一定的保温作用，符合当地人们的烹饪习惯。

（二）技术之"善"——选择节能、环保与可持续性的技术

"实际行动"组织的设计行为和过程往往透显出优良的道德价值，一直以来他们奉行"适度"和"中级技术"的信条，恰到好处地为贫困民众提供节能、环保和可持续性的器具、设备和建筑②，始终观照偏远贫困地区的自然环境，秉持"惠及后世子孙"的理念，选用低碳、耐久、可再生的材料，结合当地民众的技术手段进行设计和生产。这些观念在一定程度上成为指导该组织行为规范的准则。

上文所举的几项设计之例既体现了功能之"善"，又折射出该组织对"中级技术"的具体践行。而像他们在秘鲁安第斯（Andean）山区设计和建造的抗震建筑也有着类似的特征。当地贫困人群长期饱受地震、泥石流和干旱的困扰，而是否贫穷几乎成为灾难发生时决定生与死的关键因素。因为贫困人群的居住环境受生活所限，很难拥有抗灾防难的条件和设施，于是"实际行

---

① Thomas A. Design, Poverty, and Sustainable Development[J]. Design Issues. 2006, 22(4): 58.

② Schumacher E F. The Work of the Intermediate Technology Development Group in Africa[J]. International Labour Review. 1972, 106(1): 77.

动"组织结合当地传统技术——"昆查"（Quincha），运用本地木头、植物根茎和芦竹等材料，建造出房屋的基体，再通过搭设网格木架屋顶，辅以泥土和灰泥填充，形成一种抗震式的建筑，成本不高，却非常坚固，结构有一定的弹性，能经受得住连续的地震。

此外，"中级技术发展组"还曾利用太阳能技术专为肯尼亚的穷人设计了一种"太阳能灯"（solar-powered lanterns）。肯尼亚有 96% 的家庭使用煤油照明，既不节能也不环保。该组织根据实际情况，在设计草创和协商阶段广泛征集和调研当地农村民众的需求，充分考虑贫困人群的承受能力后，决定使用可持续的太阳能资源，并进行了多方面的设计试点。最终产品通过独特的蓄能设计，不但保证了使用者晚间长时间照明的需求，而且缩短了蓄电时间，具有小巧美观、携带方便的优点，在图尔卡纳（Turkana）地区使用后大大缓解了煤油灯所带来的能源消耗和环境污染，获得了人们一致的好评。同样，也是运用了太阳能，他们还在孟加拉的偏远贫困村落设计了一款"微型太阳能发电设备"（micro solar grids），帮助穷人减少燃气带来的污染和能耗，在 28 户贫困家庭使用后，每日至少节省 1 欧元的开销。

（三）用度之"善"——对成本和选材的考量

正因为"实际行动"组织始终坚守"中级技术"的应用与发展，所以他们一贯以廉价和易得作为设计目标，充分照顾偏远地区贫困民众的收入水平和购买能力，关注"穷人市场"，以改良或改造老旧产品为主，尽量降低成本、减少损耗、缩短设计及制作的周期，甚至在可能和可行的范围内提供无偿设计及相关服务。

譬如，从 2010 年开始，该组织就协同"喜马拉雅社区发展论坛"（Himalayan Community Development Forum，HICODEF）实施了一个帮助尼泊尔纳瓦尔帕拉斯（Nawalparasi）地区改善生活环境的项目，目的是让最为贫困的村民也能从他们提供的设计与技术中获得农业生产上的丰收，而其中一项改良旱季引水设备的设计取得了较好的效果。^① 该设计在保留当地原有灌溉方式的同时，使用一种价格低廉的高密度聚乙烯管道（high density polyethylene pipe）将水从上游渠道吸入有着 25 m³ 容积的新型蓄水设备，再通过位于村口的三个配送系统为全村农作物输送水源灌溉。其设计特点是简单实用、材料便宜、性能优异，至少可以使用 30 年的时间。不仅如此，2012 年"实际行动"组织还在尼泊尔班克（Banke）地区为 1 万户贫困民众设计建造了一种安全屋，并改造了该地区 8 所学校的破旧校舍，使这些建筑可以抵抗一定程度的地震侵袭。关键在于他们选用了一种改良的强化纤维玻璃（Fibre-glass Reinforcements）材料进行建造，好处是价格低廉，单价不及传统铁制部件的 30%，并且安装简单，只需很短的时间便可完成墙体的加固。

而"实际行动"组织在非洲马拉维共和国实施设计救助之时，针对邦度（Bondo）地区的贫困村民严重缺乏电力和基础设施的现状，结合该地区依傍非洲第三大湖——马拉维湖（Lake Malawi）的地理优势，决定无偿设计一种微型水电系统（micro-hydro system）。事实上，这一设计虽被称为系统，实施起来却十分简单，无非是在山顶搭筑几条水渠，利用从陡峭山崖翻滚入湖的湍流之力为山下小型电站输送能量，而所用材料也多是出自当地的土石，因而极大地降低了成本。然而其发电的效果颇佳，据统计，平均每条水渠驱动的涡轮发电量在 80kW 左右，能维持 2 所学校和 440 户居民的日常用电。

（四）精神之"善"——给予认知、自我实现和自我创造的快乐

从伦理的视角来看，"善"还蕴有一层含义"快乐"，它"意味着机体获得了利益或善、实现了欲望、满足了需要，从而能够生存和发展"^②。当然，上文言及的几类善行都能在一定程度上满足贫困民众的物质需求。但"快乐"的体验更多的是在精神层面的显现，因此"实际行动"组织给予贫困人

① Practical Action. Annual Report 2013/14[EB/OL]. (2014-01-06)[2019-03-08]. http://practicalaction.org/our-approach/January 6, 2014.

② 王海明. 新伦理学（下册）[M]. 北京：商务印书馆，2008: 1218.

群的设计救助极为重要的一点就是对精神需求的满足，特别是认知的需要和社会性的需求。

该组织曾在津巴布韦推广一个"播客"（Podcasting）项目，其目的是借助他们设计的 MP3 装置推广和传播知识、新闻与信息。基于当地人们更愿意通过聆听来获取知识的习惯，该组织设计了一款方言 MP3，既可以录制和重播任何声音文件，还具备 5 分钟内用方言应答和解释一些农业信息的功能。人们通过反复聆听设备内的阶段性课程，快速学习以往需花费很长时间才能在正规课程中学到的内容，实现知识的积累，并大大提高他们农业知识的应用水平。[①]

"实际行动"组织向来坚信"授人以鱼不如授人以渔"的观念，因此还不断致力于为偏远地区提供各种推广与培训服务。尽管主要目的是技术的传播，但在一定程度和范围内使偏远地区贫困群体掌握了各种设计与制作的能力，推动了自主创新和自我价值的实现，这不仅满足了人们的认知需求，甚至还帮助他们建立了尊严与自信，传递了一定的归属感和存在感，从而也相应地满足了具有社会性特征的"快乐"。例如，在尼泊尔的博卡拉分区（Pokhara Sub-Metropolitan City）该组织的 40 名设计师共同参与一个节约型抗震项目的建筑设计，这一过程还包括培训 507 名当地贫困民众参与设计和建造具有弹性的建筑构架。最终有 492 人完全掌握了布架线缆、缝剪材料、驱动墙体、移动修护、垒砖砌瓦、铅锤测量等技术，并可从事一些简易房体的设计。

值得一提的是，该组织还时常提供一些手工艺技能培训与设计方面的教育。例如，尼泊尔西部阿恰姆（Achham）地区有 6 位年龄在 25—45 岁之间的贫困妇女，她们以土法生产一种名为"艾罗"（Allo）的织品维持生计，但始终经济拮据、生活窘迫。在由"实际行动"组织推广的一系列手艺培训课程中，6 位女工得到了精心的指导，并较大地提升了产品的附加值。随后在

---

① Practical Action. New Technology Challenging Poverty[EB/OL]. (2014-01-06)[2019-03-08].http://practicalaction.org/our-approach/ January 6，2014.

该组织一步步帮助下，她们逐渐开设了自己的纺织品设计与织造企业。而在上文肯尼亚的"节能炉"之例中，"实际行动"组织还特别培训当地女性陶工共同参与设计、制作成品，此举带来两方面的"快乐"：其一，经济状况显著改善，她们有了较为"体面的收入"①，家庭关系也逐渐和睦起来；其二，收获了具有社会性的满足。由于工作之故，她们时常要参加与设计制作相关的社会活动，在诸如教授其他陶工制作炉子的技能、招待国内外慕名而来的参观者等事务中逐渐找到了自尊和自信。②

上文所述英国"实际行动"组织的四种行为之"善"，并非各自孤立，而是相辅相成、互相影响，共同熔铸于具体实践之中。他们的产品既实用耐用，又节能环保，同时还颇为廉价，饱含着对贫困群体精神世界的关怀之情。事实上，他们规划的所有蓝图只基于三个重要理念，即"平等、幸福和技术正义"③。可以说，该组织所做的一切都在一定程度上蕴含着道德价值的设计伦理观，它为设计救助提供了诸多借鉴和参考，也拓宽了人们对设计的理解和认识。

第二节　美国"良心设计"运动的实践分析

2002 年美国掀起了一场名为"design w/conscience"（即 design with conscience，良心设计）的运动，它由知名设计品牌 Artecnica（如图 5-3 所示）发起，强调人道主义原则、环境友好型设计实践和传统工艺的价值。该品牌成立于 1986 年，位于美国加利福尼亚州的洛杉矶，其品名是 Art 和 Technic 的合字，象征艺术与技术的完美统一。虽然在成立初期，Artecnica

---

① Thomas A. Design, poverty, and sustainable development[J]. Design Issues, 2006, 22(4): 58.

② Thomas A. Design, poverty, and sustainable development[J]. Design Issues, 2006, 22(4): 58.

③ Practical Action. Practical action our story[EB/OL]. (2014-01-06)[2019-03-08]. http://practicalaction.org/our-approach/ January 6, 2014.

像众多设计品牌一样，往往聚焦于产品的艺术性与功能性。但随着对自身设计行为认识的加深，以及对自然与社会问题的不断反思，进入 21 世纪以来，其大多数设计活动都围绕着如何实现"conscience"（良心）这一核心而展开。"良心设计"运动的理念和行为显然已超出了设计对"物"之本身的追求，进而跨越至道德范畴，并在某种程度上协调了人与自然、人与社会、人与人之间的关系，因此也具有了一定的伦理意蕴。

ARTECNICA®

图 5-3　美国设计品牌 Artecnica 的 Logo

一、良心设计运动的背景与道德立场

Artecnica 公司是注重环境规则的倡导者，也是可持续性建筑和产品的设计研发中心，并且在产品设计生产中有效地融入了绿色理念和对社会问题的思考。他们坚定地维护人道主义原则，充分重视和强调对贫困工匠的关怀。作为 Artecnica 的一位创始人，恩里科·布雷桑（Enrico Bressan）始终坚信，他们的设计项目只有当偏远贫困地区的工匠、设计师和经销商协同合作时才是最有效的运作方式。事实上，Artecnica 的良心设计运动也的确很好地诠释了这"三位一体"的理念，并也因此提升了自己的声誉，使 Artecnica 成为最受欢迎的设计公司之一。良心设计运动的每一位设计师都必须前往一个选定的工匠社区，与那里的贫困工匠们直接合作，了解他们的技能和资源，然后共同设计研发手工艺术产品。Artecnica 对良心设计是这样描述的："良心设计项目采用了人性化和环境友好型的设计生产方法。我们坚决不使用童工，提倡安全、无毒的环境。我们的采购标准是避免劳动力和环境遭到剥削。我们的目标是在不发达国家中促进那些技术熟练的工匠构建自我救助的共同体。"[①] 正因如此，良心设计运动在选择设计风格和制作途径时尽量避免有大规模的机器因素介入。Artecnica 的做法是极力保留贫困工匠的手工技艺，在设计、文化、风格和经济等方面充分发挥工匠的作用。

当然，在 Artecnica 成立初期，其设计产品更多地还只是停留在对设计外观的关注上，并没有思考产品给予人们的道德内涵。直到 Artecnica 的创始人塔米妮·贾瓦巴克特（Tahmineh Javanbakht）及其丈夫恩里科·布雷桑申请了一笔在巴西和多米尼加等偏远贫困地区开展可持续建筑设计研究的基金之后，他们才逐渐萌生了为贫困群体提供设计产品和设计扶助的理念。当时他们看到了这样的困境，即偏远贫困地区那些才华横溢的工匠因生活困苦而逐渐丧失了实现自我价值的话语权。但与此同时，他们又保有精湛的手艺，并能通过当地廉价的材料和土法去建造房屋。于是布雷桑夫妇就地取材，通过与工匠的协作建造了一批美观、环保的泥土建筑。这可谓一举多得：不仅在可持续设计研究中取得突破，还在一定程度上为贫困工匠提供了"用武之地"，并为偏远贫困地区的生活带来便利。此后，结合社会对设计力量参与"反贫困"活动的诉求，他们开始探寻用设计去促进全球协作的意识，从中帮助贫困人群创造一个更美好、更人性化的世界。因此，Artecnica 倡导了良心设计运动，并邀请了托德·布歇尔（Tord Boontje）、海拉·荣格里斯（Hella Jongerius）、斯蒂芬·伯克斯（Stephen Burks）等世界著名的设计俊贤参与其中，充分发挥他们的聪明才智，使其在积累更多的设计资源、为世界上最需要帮扶的工匠们提供设计服务等方面出谋划策，有效地振兴了商业，并促进了边远地区的发展。不仅如此，作为良心设计的生产商，Artecnica 还与一些诸如"工匠援助"（Aid to Artisans）组织、英国文化委员会（British Council）等非营利性的公益机构相互协作，共同开发有市场竞争力的产品去扶助地域性、本土性手工技艺的发展与创新。从这个意义上来说，良心设计是对现代"机器美学"的反思。

---

① Gibbs K. Artecnica Designs with A Conscience[EB/OL]. (2007-01-22)[2019-03-08].http://handeyemagazine.com/content/artecnica-designs-conscience，2009.

　　从本质上说，在伦理范畴思考人与机器的关系和探讨人与科学技术的关系如出一辙。科技是抽象概念，而机器便是它的物化方向之一。机器和科技一样，是人类改造自然、社会的目的性手段，本身并无善恶，对它们的一切反思都是从人的角度提出的伦理规范。工业革命改变了人类社会的生产方式，催生了新的社会形态，激荡了不同的价值观念，同时也引发了对机器的批判。但就社会发展总的趋势来说，我们大体是崇拜机器的，间或一些对它的抵制和破坏，往往或囿于时代的局限，或出自对传统生活的情怀，或将人的伦理之"过"归咎于机器。事实上，力求通过机器来突破人自身的能力，并非工业革命所独有。无论是原始先民打制的第一块石器还是后来的弓箭、杠杆、水车、风车、纺织机、蒸汽机、电器、数码产品、人工智能等一切相关的发明与创造，人类似乎从来就未停止过通过制造机械来提高生产力的热情。只不过工业革命加速了这样的进程，也在某种意义上激化了所谓的人机矛盾，从而使机器陷入了一种道德困境。设计也被裹挟于此，伴随着机器善恶之辨的伦理思潮此起彼伏。从约翰·罗斯金、威廉·莫里斯到勒·柯布西耶，从对机器的抵制到拥抱，直到"机器美学"的大行其道，无非都是人对机器的态度。当今时代，设计面貌愈发多样，人们的审美也日趋多元，对机器本身是否具有道德价值的探讨已不再也不应成为设计发展的重点，而应重点关注人类是否完善自己的道德意识和行为规范。诚如方晓风教授所言："无论哪种美学，我都不希望未来只有那种美学……未来会变成什么样，机器并不知道。"① 因此，是继续追随"机器美学"的步伐，还是寻求它的"化外之境"，完全取决于人在特定道德语境下的选择。显而易见，美国的良心设计运动选择了后者。因为 Artecnica 发现，随着贸易全球化的不断加深，偏远贫困地区工匠的境遇一直处在两难之间。一方面，其赖以生存的经济与文化环境因社会转型而遭遇解体，他们不得不和传统市场相揖别；另一方面，这些群体的传统工艺又不能立即与当前的潜在需求相关联，致使其与现代市场供求关系失衡。所以，良心设计运动在对贫困工匠实施设计关怀时便形成了如下三

---

① 方晓风. 建筑还是机器？——现代建筑中的机器美学[J].装饰，2010(4): 20.

类考量。

其一是传统工艺的价值。只有通过重塑和调适传统手工艺的当代价值认识，使其重返现代社会，成为设计创新的给养，才能从根本上解决那些穷苦匠人有技艺却无机遇的困顿，并能更多地实现"授人以鱼不如授人以渔"式的设计协助或帮扶；

其二是偏远贫困地区有限的资源。与贫困地区共同开发设计产品，不可能要求当地提供先进的技术和材料。只有因地制宜、就地选材，才可能降低成本，形成有利于当地发展的设计"生态"；

其三是贫困工匠的利益。如前所述，贫困工匠在现行经济体制下凭借一己之力已基本不可能实现自身的价值，这就需要"做到尽可能少地使用机械化装配生产线，坚决不去剥削第三世界的劳动力，避免因垄断机构为了开拓全球化市场而导致工人失业的现象出现"①。

二、良心设计运动的实践考察

由前文的阐析可知，"设计关怀偏远地区人群"可诉诸多种途径，常见的有设计与扶贫的"联姻"和设计与"社会救助"的结合。前者多表现为直接向贫困群体提供设计实物，对他们从物质角度给予关怀，但往往治标不治本；后者则主要提供实现自我价值的平台和机遇，调动贫困群体的积极性，从文化、社会和精神等多方面、多维度上逐渐改变贫困群体的老旧面貌，让他们作为设计的主体而参与设计之中，可谓是一种可持续性"反贫困"的实践活动。基于前述的道德立场，Artecnica 的良心设计运动显然偏重于后者。

（一）在探寻传统工艺的价值中关怀偏远地区贫困群体

如前所述，Artecnica 的良心设计运动逐渐发现，只有通过重塑和调适传统手工艺的当代价值认识，使其重返现代社会，成为设计创新的给养，才能

---

① Artecnica: Design with Conscience[EB/OL]. (2014-01-06)[2019-03-08].http://artecnica.com/about/design-w-conscience
®.html, 2014.

从根本上解决那些穷苦匠人有技艺却无机遇的困顿。因此，除了直接为贫困人群供给设计品这种简单的服务形式外，该运动将更多的努力放在贫困工匠自主创造和自我生存能力的提升上，并开发和创新可供他们继续发展 10 年的产品，从而逐渐实现"授人以渔"式的设计协助或帮扶。该运动在选择设计风格和制作途径时极力保留贫困工匠的手工技艺，在设计、文化、风格和经济等方面充分发挥工匠的作用，并使其受益。

然而，道德价值是一回事，商业价值又是另一回事。该运动实践之初并非一帆风顺，主要问题就在于手工产品价格偏高，市场难以打开。甚至，Artecnica 的高端零售合作伙伴都对此持怀疑态度，因为传统意义上他们并不把那些贫困工匠创造的手工艺品视为高端设计。于是，Artecnica 在不断改进商业运作的过程中意识到，要解决商业困境就应向全世界的工匠团体推介两类核心要素，即设计师和项目制作人。前者可通过提供设计服务或扶助将工匠的能力与国际市场的需求相契合；而后者则为将设计师和工匠的作品推向市场给予必要的物流、营销和艺术指导等方面的保障。毋庸置疑，这些思路不仅为良心设计的发展储备了传统工艺资源和设计"母题"，并且对贫困工匠而言，更是一种实现机会平等、权利平等，以及幸福目标的伦理考量。此外，Artecnica 在与一些"工匠援助"组织、英国文化委员会等公益组织共同协作的过程中，大力倡议手工技能、可持续材料和土法制造，极力维护贫困工匠的利益和他们的技艺。归根结底，良心设计的一切理念和活动都是为了"使人成为人"，尤其是为了使贫困群体成为有尊严的人。

于是，该运动便有了其核心成员托德·布歇尔的"风雨晴"（亦称"无论晴雨""太阳雨"，Come Rain Come Shine）吊灯作品。这可谓是一款将传统工艺价值有效地熔铸于现代设计之中的经典之作。它形式宜人，配有多种颜色、样式，而负责实际生产的工匠团体则是位于里约热内卢棚户区的 Coopa-Roca 妇女合作社。她们精心挑选废弃的碎布材料，通过手工针织及刺绣工艺来制作成品。这些妇女将先进的设计理念转化成实际产品，通过快捷的物流和后期的营销运作，保证产品实现预期的经济效益。关键是她们只要坐在家中便可顺利完成生产，同时还能兼顾孩子和家庭。

托德·布歇尔是一个十分热衷于传统手工艺的设计师，他甚至一度将那些机械化生产出来的产品比作没有营养的"无机食物"，这从他设计的一组"女巫"厨房用具及木质器皿（Witches' Kitchen）中便可见一斑。他说："我们不喜欢工厂里预先准备好的'饭菜'，我们喜欢有机'食品'，喜欢带有人情味的东西，'女巫'厨房用具都是不挂釉、无化学添加物的，这让它们做起饭来非常地诱人。"①"女巫"系列融入了南美当地的传统价值认识，展现出强烈的地域风情，同时也得到了哥伦比亚陶工和危地马拉木工的鼎力支持。

与托德·布歇尔相似，海拉·荣格里斯也十分重视民间传统工艺。她时常在拥有不同文化背景及传统技艺的偏远贫困地区做田野调查，并与工匠们一起动手创造。海拉曾经设计过良心设计运动又一款经典作品——"珠片"（Beads and Pieces）碗瓶组合。该作品通过"工匠援助"组织的帮助和协调，在秘鲁的一个古柯叶种植区找到了合适的陶工和串珠艺人，通过三方的配合，创造出温馨可爱的产品样式。最为重要的是，这项设计还为这些长期从事危险毒品交易的人找到了一种可持续性的替代经济模式，使贫困艺人不再受毒品贸易的危害和压迫，可以全心全意地投入手工技艺的创新之中。

"工匠援助"组织的成员洛里·格雷（Lori Grey）在评价良心设计为贫困工匠带来的利好时甚至说："当我在最近的交易展上看到这些产品，并目睹工匠们从贫困中取得如此令人震惊的成就时，我真的哭了。"②

（二）在设计关怀的过程中彰显责任意识

诚如前文所说，从伦理学意义上来看，尽管设计并没有帮助偏远地区贫困群众脱贫致富的强制性义务，但是作为协调人与自然、人与社会、人与人之间关系的一种客观存在，它并非孤立于世，而是有机融合于各种社会关系

---

① John Engelen. Artecnica's "Design w/ Conscience" Program[EB/OL]. (2010-09-08)[2017-05-05]. http://www.dedeceblog. com/2010/09/08/design-with-conscience-taiwan-designers-week.

② John Engelen. Artecnica's Design w/ Conscience Program[EB/OL]. (2010-09-08)[2017-05-05]. http://www.dedeceblog. com/2010/09/08/design-with-conscience-taiwan-designers-week.

之中，并被客观地要求履行和承担相应的责任。换言之，设计有关怀偏远地区贫困群体的使命。本质上说，这也是良心设计的道德依据之一。

　　良心设计运动的设计行为主体正是意识到上述事实，从而产生了对自然、社会、他人尽责的强烈愿望。他们的出发点就是要在现代语境中呼唤设计之于贫困人群及其生存环境的责任。所以，良心设计运动的设计师们不仅为贫困工匠搭建了前文所述的关怀平台，最难能可贵的是还尽可能地开设一些与设计有关的指导和培训，为贫困人群自主脱贫创造机遇。例如来自巴西的坎帕纳兄弟（费尔南多·坎帕纳和翁贝托·坎帕纳，Fernando & Humberto Campana）就曾在提供设计关怀的过程中负责指导一些生活窘迫或遭遇不幸的孩子进行生产和制作，使他们拥有一门可以谋生的技艺。而托德·布歇尔等人也充分利用自己所掌握的资源，为那些贫困妇女提供技术培训和设计帮扶，让他们迅速适应生产，并能将自身所学运用到其他的设计环境之中。恩里科·布雷桑则亲自到工厂中，手把手地辅导工人进行切割技艺和设计制图的训练，为他们今后的相关工作奠定良好的基础。

　　非但如此，良心设计运动还在很大程度上试图以关怀偏远地区贫困群体为核心来构筑一种环境友好型的设计模式。这一方面有益于减少对偏远贫困地区自然生态的破坏；另一方面也可通过可持续发展的材料及贫困工匠的原生态技艺来改善设计生产的方式和面貌。如前所述，与偏远贫困地区协同创新，难以要求当地具有先进的技术和材料，所以因地制宜、就地选材，成为降低成本的首选，这样也有利于当地发展的设计"生态"。于是，他们"逐渐舍弃树脂塑料，越来越多地采用纸、玻璃、陶土等可再利用资源……希望自己的设计不仅仅是建立在美观之上，还能融入更多对人文、社会、环境和经济的考虑"[①]。

　　托德·布歇尔和艾玛·沃芬登（Emma Woffenden）就曾试图利用一些废旧酒瓶来创造具有艺术性的花瓶。最终这一构想在危地马拉得以实现：一家酒瓶厂可为该项目提供从附近回收来的废旧酒瓶，同时通过与"工匠援助"

---

① 戴晓莉. Artecnica:良心设计倡导者[J]. 中华手工，2010(11): 23.

组织的合作，还能邀请当地的工匠参与生产制作。于是，良心设计运动诞生了第一款优秀的设计作品——TranSglass，危地马拉的匠人们通过切割、打磨、抛光等方法，令该作品成为融雕塑性和实用性于一体的艺术品。"这些废旧的瓶子不仅被重新赋予了生命力和艺术感染力，而且既时尚又环保，一举数得。"① 它们甚至作为经典样式被美国纽约现代艺术博物馆（The Museum of Modern Art，MoMA）收藏。此后，托德·布歇尔等人延续了"变废为宝"的思路，通过回收破碎玻璃，创造出了新的作品——星星镜子（Trans Glass Mirror Star）。而上文提及的巴西坎帕纳兄弟，也与越南一个名为"工艺链接"（Craft Link）的非营利性组织共同合作，设计了一款堪称可持续性改良设计典范的 TransNeomatic 环保托盘系列作品。他们的用料异常廉价，无非就是越南当地俯拾即是的废旧摩托车轮胎和随处可见的柳条，但却通过编织工艺创造出了既好看又实用的全新样式。

综上所述，设计具有特殊性，它是一种为他者而存在的道德责任。除了美国良心设计运动外，从性质上看，大凡以道德关怀和责任意识作为出发点的伦理型设计都可被视为"良心设计"。而美国良心设计运动对偏远地区弱势群体的设计关怀，对传统工艺的价值求索，以及对可持续发展的具体践行无疑闪烁着人性的光辉。这显然成就了"良心设计"的崇高性，同时也为后继的相关设计实践和设计伦理研究带来了诸多的启迪和借鉴。

第三节　中国相关活动的实践分析

尽管中国设计领域真正开始关注贫困问题的时间较晚，且相关活动的规模、形式、数量与西方比较也略显不足。但有一点值得肯定的是，至少近年

---

① 周志. 光与影的交织，心与梦的飞翔——托德·布歇尔剪影设计[EB/OL]. (2010-06-03)[2019-04-07]. http://www.izhsh.com.cn/doc/2/1_612.html.

来中国的设计界业已意识到了设计在偏远地区贫困群体中"缺席"的严重性，并愈发地从设计责任与义务的角度开始建构相关的设计模式，反思已有的活动之得失，尝试通过规范行为来开展设计关怀。特别是 2017 年"设计介入精准扶贫"会议的召开、2018 年《设计扶贫倡议》的发起及同年《设计扶贫三年行动计划（2018—2020 年）》文件的出台，更是以一种正式的，且自上而下的视角拉开了新时代中国设计关怀偏远地区贫困群体的帷幕。

一、"设计介入精准扶贫"的会议及其相关活动

2017 年 11 月 24—26 日，中国高等教育学会设计教育专业委员会和四川美院联合主办了"复地智慧：2017 全国设计教育学术研讨会暨中国高等教育学会设计教育专业委员会年会"，其主题为"设计介入精准扶贫"（如图 5-4 所示）。应该说，这是中国设计学界第一次较为正式地将目光聚焦于"贫困问题"的学术性会议，也标志着在"中国设计关怀偏远地区人群"将不再只是个体的行为，它已经被提升至整个设计领域共同关注的位置。

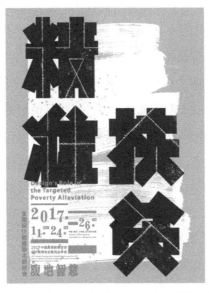

图 5-4　2017 年四川美院召开"设计介入精准扶贫"学术会议的海报

    本次会议旨在回应如何在设计界树立社会公共意识，通过设计的力量来推进社会的进步，承担起教育脱贫的社会责任等问题，并组织与会的专家学者研讨设计介入精准扶贫的实践路径和理论建构，拓展当代中国设计视域，探寻中国特色可持续设计以及中国特色设计教育的发展路径。四川美院的有关学者在此次会议上还专门介绍了他们针对贫困农村采取的设计关怀项目——"酉阳农村供销新模式"，组委会还在会议期间展出了四川美院的师生为该项目设计的实践成果（如图5-5、图5-6、图5-7、图5-8所示）。据悉，"'酉阳农村供销新模式'立足于实际，将可持续设计理念与当下的社会实践相结合，用设计与社会学的交叉研究方法，提供当下社会问题解决的方案，为我国设计与社会创新提供了新的思路。5年的实际运行显示，酉阳农村供销新模式不仅解决了贫困人口生计和当地企业生产发展的问题，同时显现出设计赋能、个人价值和文化塑造的独有魅力"[①]。在具体实践中，"酉阳农村供销新模式"由四川美院设计工业系的师生们共同打造完成。考虑到该地农副产品种类丰富、多样，但苦于山区交通不便，农户生产分散、产量小，相关产品难以得到相应的推广和市场等问题，于是他们运用设计思维和多学科交叉的方法，建立几千个配送点，设计出有地理品牌的包装，用智能物流网打造线上平台，以贫困农户借贷入股的方式探索新的分红模式。可以说，"川美模式"的设计扶贫是将"赋能＋可持续＋科技"作为突破口，由"产品驱动"和"服务驱动"两个维度来共同推进设计介入扶贫工作，立足激发贫困群体和贫困村落自主脱贫的理念，改造和修复他们的生态系统，建立可持续的协作式社会创新体系。他们在政府指导扶贫和农村脱贫需求之间搭建了"设计扶贫信息服务平台"，并通过专业人才、专业支撑和专业服务项目等方面的建设来具体实施设计扶贫。不难发现，此次会议及相关项目的焦点主要是针对贫困农村地区，因此也格外重视"美丽乡村"的设计与改造。他们在相关服务中就创建了"重庆美丽乡村建设行动联盟"，主要是通过专业院校、研究机构、地方及相关政府机构等多方合力来确保设计介入扶贫过程中资

① 贾安东，袁月. 聚焦精准扶贫 设计界在行动——"腹地智慧"2017全国设计教育学术研讨会暨中国高等教育学会设计教育专业委员会年会在我校举行[EB/OL]. (2017-11-26)[2019-02-14].http://www.scfai.edu.cn/info/1125/19219.htm.

本、技术、产业、市场、教育、文创等资源的有效整合和支撑，并确立了学术研究行动计划、咨询服务行动计划、教育培训行动计划、建设筹划行动计划、规划建设行动计划等五个具体的实施步骤。特别值得一提的是，本次会议的理论探讨中，清华大学美术学院的方晓风教授还专门以"乡村建设的伦理反思"为题，提出在精准扶贫的目标下，在乡村建设的过程中，除了经济目标的考量，尤需注重文化的传承与发展。[1] 这显然已突破只关注贫困群体"消费性幸福"的偏狭视域，从而在理论上尝试将设计介入扶贫的活动，向立足贫困人群的"社会幸福""精神幸福"等这类"创造性幸福"的道德境界推进。总之，四川美院主办的"设计介入精准扶贫"会议，确实在一定程度上廓清了设计之于贫困人群从产品到服务的价值转型，使其愈加能作为一种社会力量参与社会变革的重大问题。

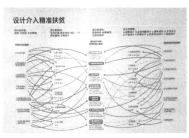

图5-5 "设计介入精准扶贫"案例展上所演示的项目思路

图5-6 "酉阳农村供销新模式"农产品包装设计

图5-7 农产品包装设计（局部）

图5-8 "设计介入精准扶贫"案例展上的作品

---

① 贾安东，袁月. 聚焦精准扶贫 设计界在行动——"腹地智慧"2017全国设计教育学术研讨会暨中国高等教育学会设计教育专业委员会年会在我校举行[EB/OL]. (2017-11-26)[2019-02-14]. http://www.scfai.edu.cn/info/1125/19219.htm.

二、《设计扶贫倡议》与《设计扶贫三年行动计划（2018—2020年）》

四川美院这次会议结束后的5个月里，"第二届世界工业设计大会"于2018年4月21日在浙江省杭州市良渚梦栖小镇召开。世界设计组织、国际服务设计联盟、欧洲设计协会主席在内的全球30多个国家和地区的80多名外国嘉宾，以及国内400多名设计专业人士参加了大会。会议开幕式上，联合国工业发展组织、中华人民共和国工业和信息化部、中国工业设计协会及相关国家与地区的设计专家等共同发起了《设计扶贫倡议》。这也是首次在中国由国家政府机构、行业协会和相关设计团体携手倡议设计应介入扶贫活动的义举。该倡议"号召国际组织、各国政府、全球设计行业合作开展更大范围、更深层次的设计扶贫工作"①。"2018年9月5日，广东省工业设计协会在'安心善居·缮居公益'马冈村项目启动会上发布了设计扶贫倡议书，以广东工业设计界向整个广东设计界发出倡议。"② 同年11月23日，"第二届中国工业设计展览会"在湖北省武汉市国际博览中心开幕，展会上还特别增设"设计扶贫"主题展。12月，"工业和信息化部召开全国各省、市、区'设计扶贫'电视电话会议，进行相关政策解读、行动计划发布、特色案例示范。会上，发布设计扶贫十大模式及十大措施，推动设计扶贫工作全面开展"③。现将该会上提及的"十大模式"及"十大举措"分别简介如下。

模式1：区域品牌创建——湖北省大冶市茗山乡"楚天香谷"品牌战略规划与设计，将芳香种植、工业生产、旅游服务打造成三位一体、"三产融合"的品牌形象。由此使"楚天香谷"成为集中国首家芳香产业旅游目的地和芳香田园综合体于一体的品牌形象，创造了大冶市的城市新名片。

---

① 中华人民共和国工业和信息化部产业政策司. 王江平出席第二届世界工业设计大会并致辞[EB/OL]. (2018-04-24)[2019-03-20]. http://www.miit.gov.cn/n1146290/n1146397/c6144925/content.html.

② 南方都市报. 设计修缮居与家，广东发起设计扶贫倡议书[EB/OL]. (2018-09-10)[2019-03-20]. http://dy.163.com/v2/article/detail/DRCJNEGI05129QAF.html.

③ 中国工业设计协会. 设计扶贫十大模式及措施重磅发布！全国设计扶贫工作全面推进！[EB/OL]. (2018-12-13)[2019-03-20]. https://mp.weixin.qq.com/s/hd6Ci-XLKuQzfRmaNWXbAw.

模式2：科技成果植入——中国云南小粒咖啡豆依托先进的生物科学技术研发的低脂咖啡豆项目，获得了较好的市场回报与竞争力，并由此为云南等地的贫困农民带来了脱贫致富的希望。

模式3：人才培训赋能——秉持"授人以鱼不如授人以渔"的观念，大力扶持传统产业和传统手工艺的当代市场拓展与审美革新，并力求通过人才培养的方式教会贫困群体相关技艺和技能，使其自主脱贫。

模式4：非遗再造活化——借助现代设计的力量重新激活漆器、刺绣、竹器、陶器、瓷器等一批传统非物质文化遗产的活力，升华其中精髓，使其能移植于当代生产与生活的语境之中，从而帮扶贫困的"守艺人"与传统工艺。

模式5：自然研学教育——针对贫困地区的孩子们展开一种结合自然体验、民俗风情、工匠创造等优秀文化的生态人文资源开发设计教学，挖掘自然资源，设计创新产品。

模式6：美丽乡村风貌——以提高贫困人群的生活质量和健康条件为目的，对厕所进行生态设计与改造。此举不仅环保和节约用水，还可实现粪尿二次利用，增加收入。

模式7：田园社区建设——西安美院研究生曾为陕西省富平县曹村柿子博物馆设计项目，在此基础上该项目被拓展建设成集科研种植、基地建设、粗精加工、产品销售、文化传播为一体的柿子产业生态圈，有效地提高了当地贫困民众的经济收入，并将曹村打造成新型生态休闲农业观光小镇和新农村建设的典型。

模式8：特色产业培育——成都宽窄美食投资有限公司树立"最好的设计服务农民，最好的创意服务农业"的创新理念，坚持以创新设计为核心价值，为当地贫困人群的花椒等特色产业提供了整合旅游、文创、美食、设计等资源的设计扶贫方式。

模式9：特殊人群关爱——由中国下一代教育基金会、东西元素科技有限公司共同发起的公益行动，为贫困地区条件艰苦的孩子捐赠LED护眼灯和学习桌等设计产品，还有专门为贫困农村的老年人设计的蔬菜种植农具，体现了对特殊人群的设计关怀。

模式 10：低端产业提升——通过工业创新设计与传统农业相结合，改变原有秸秆加工产业的面貌，使其拓展至生物秸秆囊、新型秸秆燃烧、秸秆生物塑料、秸秆可食用包装材料等新型应用领域，提升老旧产业的附加值和创新再生设计能力。①

除此之外，本次会议列举了"设计扶贫"中可供实施的十大措施，即："线上线下、一村一品、百校百村、爱心基金、设计义卖、公益设计、飞地链接、全链整合、联盟协同、平台支撑"②。

尤其需重点强调的是，在"第二届世界工业设计大会"和"第二届中国工业设计展览会"之间的 8 月 31 日，中华人民共和国工业和信息化部专门下发了《关于印发〈设计扶贫三年行动计划（2018—2020 年）〉的通知》。这是中国第一次由政府层面站在国家发展战略角度上对设计介入反贫困活动的高度肯定和重视，也是对于"设计关怀偏远地区人群"的相关活动来说具有里程碑意义的纲领性文件。该《行动计划》明确指出"到 2020 年底，面向贫困地区提供不少于 1000 件产品设计方案，开展不少于 3000 人次设计培训，组织不少于 50 次设计师走进贫困地区访问活动，实施不少于 50 个乡村风貌或公共设施改观设计方案，建成并免费开放千万数量级原创设计素材数据库，探索出一条有中国特色的设计扶贫路径"③ 这一总体目标，并从 10 个方面规划了今后三年"设计扶贫"的具体行动。因其既显示了政府的决心，又体现了设计的重要作用，同时还为今后的相关实践指明了方向，特摘录如下：

---

① 中国工业设计协会. 设计扶贫十大模式及措施重磅发布！全国设计扶贫工作全面推进！[EB/OL]. (2018-12-13) [2019-03-20].https://mp.weixin.qq.com/s/hd6Ci-XLKuQzfRmaNWXbAw.

② 中国工业设计协会. 设计扶贫十大模式及措施重磅发布！全国设计扶贫工作全面推进！[EB/OL]. (2018-12-13) [2019-03-20].https://mp.weixin.qq.com/s/hd6Ci-XLKuQzfRmaNWXbAw.

③ 中华人民共和国工业和信息化部办公厅.工业和信息化部办公厅关于印发《设计扶贫三年行动计划（2018—2020年）》的通知[EB/OL]. (2018-08-20)[2019-02-03]. https://www.miit.gov.cn/ztzl/rdzt/fpgzztbd/xxgk/zcwj/art/2020/art _91ab35787c034cc394a76e2b18b42ea5.html.

（一）提升贫困地区产品设计水平

1. 建立设计需求信息库。以提升贫困地区企业产品市场竞争力为导向，组织相关地区围绕企业产品竞争力短板开展摸底调查，针对生产过程、材料、功能、品质、包装、营销策划等方面的不足，建立设计需求信息库。

2. 搭建设计扶贫对接服务平台。组织开展设计扶贫对接，利用已有相关设计服务平台开发设计扶贫专门功能板块，链接设计师、设计企业等各类设计资源，面向贫困地区设计需求提供技术研究、成果转化、信息咨询、招商引智等服务。

3. 实施千村千品设计促进计划。组织设计力量深入贫困地区调研，针对贫困地区设计需求提供设计解决方案。鼓励设计师、设计企业与贫困地区企业建立长期合作关系，应对市场变化持续提供设计改进方案，促进产品升级换代、市场开拓和品牌建设，实现互利共赢。

（二）提升贫困地区产品设计能力

4. 开展设计知识普及培训活动。为贫困地区工业行业政府管理部门人员，企业负责人、设计人员、能工巧匠和民族民间工艺传承人等提供设计知识普及培训，培养一批设计人才，每年培训不少于1000人次，切实提高贫困地区工业设计理念和意识。

5. 实施百校千人设计互助计划。动员高校设计专业师生力量与贫困地区企业设计师开展设计互助行动，每个互助团队支持不少于10名企业设计人员，三年持续帮扶不少于1000名设计师。通过校企合作，提升企业的设计能力与水平，塑造企业发展新动能。

6. 培育设计脱贫标杆企业。引导贫困地区工业企业重视和发展工业设计，促进企业转型发展，带动区域脱贫。鼓励有关国家级、省级工业设计中心，以及有能力的工业设计企业扩大服务市场，协助贫困地区企业建立工业设计中心，或开展设计服务整体外包，培育一批设计脱贫标杆企业，充分发挥典型示范作用。

（三）改善贫困地区人民生活质量

7. 推出一批特殊人群专用产品。在国家和各地举行的各类设计评奖、比赛等活动中，鼓励设立面向贫困地区学生、老人、残障、病患等特殊人群的实际需求，开展产品（方案）征集评定，形成一批有市场前景和推广价值的产品或方案，并以适当方式组织生产和捐赠。

8. 组织开展设计师精品义卖活动。组织设计力量，围绕改善贫困地区普通居民生产生活条件，设计高品质产品，并组织线上和线下义卖活动。鼓励有关公益平台积极参与，并接受公众监督。

（四）推动乡村风貌改观升级

9. 务实培育发展乡村产业。根据贫困地区实施乡村振兴战略中的各类需求，组织设计力量主动对接，围绕农产品加工、农机装备、农村教育卫生设施等方向发布设计方案，兼顾乡村特色旅游产品和服务的设计开发，带动相关投资到贫困地区建设一批家庭农场、手工作坊、乡村车间等，推动贫困地区发展乡村产业，实现一二三产业融合发展。

10. 推进乡村新风貌塑造计划。在有条件的贫困村做好传统村落、传统建筑、民间文化的保护和传承，推动实施乡村风貌塑造计划，3 年实施不少于 50 个乡村风貌或公共设施改观设计方案。通过整体设计保持乡土风情的完整性、真实性和延续性，实现乡村与自然田园景观等协调统一。积极推动贫困地区"厕所革命"，征集并实施农村户用卫生厕所设计方案，解决贫困地区人居环境突出问题，带动乡村旅游等服务业发展。[①]

毋庸置疑，这一文件的实施不仅将惠及贫困人群，而且对于设计自身而言也异常重要，因为它从国家的角度对设计提出了道德目标和道德要求，是设计伦理实践探索和理论研究不可或缺的行动指南和主要依据之一。

---

① 中华人民共和国工业和信息化部办公厅.工业和信息化部办公厅关于印发《设计扶贫三年行动计划（2018—2020年）》的通知[EB/OL]. (2018-08-20)[2019-02-03]. https://www.miit.gov.cn/ztzl/rdzt/fpgzztbd/xxgk/zcwj/art/2020/art_91ab35787c034cc394a76e2b18b42ea5.html.

三、其他相关实践活动

当然，在"设计介入精准扶贫"、《设计扶贫倡议》与《设计扶贫三年行动计划（2018—2020年）》出现之前，中国设计界并不意味着就没有关怀贫困群体的设计实践。只不过相对而言，其数量和规模较小，形式较为零散，且多是设计行为主体自发的活动。但这并不妨碍将它们视作较为成功的案例而进行经验总结和模式分析。毕竟"设计关怀"总体仍处于初级阶段，任何有益的尝试在一定程度上都应肯定。一般来说，中国目前的相关活动大体可分为以下几类：

第一，针对贫困群体特定的生活方式与需求提供无偿或公益性的设计产品或扶助性的设计服务。

这种模式分为两个相互联系、相辅相成的部分：其一是无偿提供设计资料，主要为给予式的设计扶贫，性质类似于扶贫过程中经济或物资上常见的救济行为；其二是提供相对积极的与设计相关的扶助活动，目的是改善贫困群体的生产或生活方式。例如，虽然不是面向偏远地区，但武汉理工大学艺术与设计学院的部分师生针对城市低收入人群提取典型用户和典型情景开展设计关怀的活动同样具有现实意义和伦理意蕴。他们主要面向的是城市拾荒者、建筑农民工和下岗工人三类较具代表性的生活困难群体，运用了资料梳理、问卷调查、影像追踪、深度访谈等方法分析案例、实施设计。其中，他们以衣、食、住、行、工作、医疗、娱乐等为主题调研城市拾荒者的生活方式，提出借助设计来解决问题的对策和模型。于是便产生了一批为拾荒者量身定制的具有储存、运输等功能的拾荒工具设计产品。与此同时，他们还专门以设计扶助的形式"将拾荒者与城市环卫工人进行资源重组，将拾荒者从区域上进行划分，以街道或社区作为单位，帮助环卫工人保持街道卫生，既避免了同一地区拾荒者的纷争，又减轻了环卫工人的劳动强度；环卫部门将拾荒者收编定岗，既降低了环卫部门的人工成本，又可以减轻拾荒者的生活压力"①。他们对于建筑农民工和下岗工人也采用了类似的调研和设计方法，尤其为后者设计了一批下岗再就业者急需维持生计的设备或工具，如储物柜、早餐车、夜市摊点货架等。

第二，对现有和废旧生活、生产资料的再利用，秉持环保和可持续性理念的创新型设计。

创新是设计"永葆长青"的秘诀，为偏远地区贫困群体进行的设计，因受物资限制，不可能像为普通民众设计时那般自由，但创新依旧存在。于是在环境、家具、用品等设计中，创新的方向就可以转而成为改造、翻新老旧材料和废弃物，"变废为宝"式的设计，或是运用廉价再生材料和能源的绿色设计，这是一种功能领先但也不放弃艺术性的设计方法。譬如，2009年，中国美协环境设计艺委会就曾策划组织了这样的设计活动，由中央美院、北京服装学院、西安美院和太原理工大学四校联合，共同为西部农民生土窑洞进行改造设计。"这一项目活动，改变了当地人的居住观念。改造后的窑洞吸引着众多的本地人或外地人参观。一些有窑洞情结的人也纷纷前来，表示购买意向，一些商家也开始计划投资地坑窑洞建设项目。"②此外还有一项针对城市低收入人群的案例也极具借鉴价值——面向北京"北漂族"外来务工临时居民进行环境改造的设计。这些"北漂族"租住在地下室狭小的空间中，很多来自农村地区，生活大都清贫困苦。自由设计师周子书及其团队对这些地下室空间在色彩、材料、功能区域等方面进行了一系列的艺术性改造，营造出了全新和良好的环境及氛围，改变了人们对地下室原有的感知，增进了人与人的互信关系。他们最终的目的是将这些防空地下室转变为未来连接农村和城市的平台，既可成为艺术家或设计师的工作室，亦可给那些年轻的农民工廉价租住，而他们彼此之间还能互相帮助。

第三，基于贫困地区固有的自然环境和特色优势，进行村落整体规划或乡村景观设计。

---

① 胡飞，董婉之，徐兴. 为城市低收入群体而设计——兼论设计的社会责任[M]//李砚祖. 设计研究：为国家身份及民生的设计：第一辑. 重庆：重庆大学出版社，2010: 45.

② 张绮曼. 为西部农民生土窑洞改造设计——关于四校联合公益设计活动的报告[J]. 美术，2014(4): 101.

诚如前文所言，中国贫困人口大部分集中在农村地区，所以相比其他模式，这类设计的数量相对较多，也较为常见。其初衷往往就是在原生资源丰厚，但苦于无法自主脱贫的矛盾中探索解决路径。故而其设计的理念通常要凸显当地自然与传统文化特征，进而打造具有餐饮、旅游、娱乐、文创等休闲产业性质的综合实体，以此来带动贫困人群自主脱贫致富。因此，从性质上说它比前两种设计扶贫模式更为积极一些，能为人们带来自我救助的手段。一些贫困山区"美丽乡村"或"特色小镇"的规划与设计便是如此。譬如，中国美术学院宋建明教授就曾带领团队在浙江省嵊泗列岛上根据当地渔村的建筑与街巷特征，通过色彩规划和营造的方式，提升渔村景观设计的面貌和品质，使其焕然一新，以此来吸引游客。再如，北京"绿十字"环保组织和苏州设计团队曾对许世友将军的故里河南省新县田铺乡的村落进行有计划的修复和保护，规划了"英雄梦·新县梦"的公益设计项目。其宗旨便是以优秀的设计为欠发达地区的农村民众服务，挖掘古村落的传统文化，营造和谐的生活环境，倡导积极的生活理念，促进农村精神文明建设，最终目的是让农村民众生活得更文明、更幸福。

第四，针对贫困工匠或手艺人的技能、产品提供相关的宣传、扶助或资源支持的活动。

这类模式的目的是为贫困的工匠和手工艺人"赋能"和提供机遇，是一种"授之以渔"式的设计帮扶。因为他们本身就与设计的关联性较大，所以通过各种渠道来提升其设计"参与度"本质是帮助贫困人群实现自我价值，完成人生理想，从根本上激发自主脱贫积极性和主动性的有效途径。相关设计因素介入这些原生态的手工产品，特别是一些濒临失传的本土性工艺美术品或非物质文化遗产，将会带来以下几点益处：首先，通过专业的记录方法，可较好地保存非物质手工技艺，在一定程度上还原文化空间，并为尔后的开发性设计提供纹样、色彩、装饰母题、表现技法等极具本土化、民族化的借鉴与启发。其次，适度合理的开发性设计能为原有的传统工艺和材料增光添彩，并可给予符合时代的审美价值，既有原生态的内蕴，又不失现代的时尚意趣。关键是通过开发性设计能极大提升这些产品的附加值，易于宣传，增强这些产品的市场竞争能力。最后，开发性设计必然是与贫困艺人共同协作才能完成。没有他们的参与，设计出的产品只是无根之水、无本之木。因此很多设计机构在研发民族性、地域性的新产品时，通常需要和当地的手工艺人合作完成设计制造，这便为他们提供了较好的就业机会，宣传了其原生产品。例如，本研究团队就曾驻浙江省兰溪市梅江镇为当地贫困的竹编艺人提供文化宣传和开发式设计，通过现状考察、问卷调查分析、资料记录等方式进行整体品牌建构和产品改良设计，目的是通过品牌文化推广来扩大手工竹编的影响力和知名度，为当地贫困群体拓宽手工艺市场（如图5-9、图5-10、图5-11所示）。值得一提的是，这类设计关怀模式还有一个重要的方面就是资源支持，常见的多以提供资金和机遇为主体。譬如，2013年中国红十字基金会"中国原创公益基金"在北京成立，"计划用10年的时间，培训不少于1万名贫困地区的手工艺从业者；以小额贷款等方式扶助残疾人、留守妇女、老少边穷地区的青少年等开设1000家'博爱·原创公益小栈'的创业门店；并邀请工艺美术大师对贫困地区的手工业进行指导，通过'博爱·原创培训生'计划、'博爱·原创公益工场'计划，帮助地方提升产业水平，促进相关产业的升级。该基金希望通过一系列的公益项目，为我国非物质文化遗产的重点传承区、传统手工艺的保留区创造不少于5万个工作岗位，改善不少于10万名贫困手工艺从业者的生存境遇，实现生计发展与文化传承保护的和谐发展"①。

---

① 新华网.中国原创公益基金成立　资助贫困地区传统工艺传承[EB/OL].(2014-01-03)[2019-01-14].http://news.xinhuanet.com/politics/2014-01/03/c_118822080.htm.

图 5-9　调研贫困艺人手工编织竹器的场景(来源：笔者指导的学生周倩调研时拍摄)

图 5-10　最终的改良产品设计（来源：笔者指导的学生周倩最终设计成品）

图 5-11　最终的文化品牌推广设计（来源：笔者指导的学生周倩最终设计成品）

　　第五，在专业院校的设计教育与课堂教学中引入"设计关怀偏远地区人群"的理念和实践。

　　这类模式的目的就是从设计行为主体的养成环节便注入相关意识，培养实践经验。一般来说，此模式常见的是借力课堂教学的项目制驱动、毕业设计选题以及大学生社会实践等方面来实现的。课堂教学中需要教师引导学生对接相关扶贫项目、组建团队、调研考察、讨论规划、实施设计、结项汇报，并接受相关评价。毕业设计和社会实践环节则多由教师指导，学生自主完成。但无论哪种形式，都是对设计扶贫的有益补充。例如，华中农业大学和澳门理工学院艺术高等学校的教育教学中就有依托精准扶贫项目针对湖北省恩施土家族苗族自治州建始县猕猴桃产业进行品牌形象设计的案例。此外，湘南学院美术与设计学院也曾以湖南省郴州市北湖区保和瑶族乡介木村规划设计作为精准扶贫政策下环艺专业毕业设计的选题方向。而本研究团队所在的湖州师范学院艺术学院也曾组织设计专业学生以"三下乡"的社会实践形式，以帮扶贫困群体为目的开展设计实践。

综上所述，自从设计对道德价值的追求成为一种主动行为之后，"设计关怀偏远地区人群"的行为意识愈发得到强化，实践数量也相对增长起来。事实上，除上述英国、美国和中国的相关活动外，日本在这一方面也有一定的尝试，虽然某些案例不是特别面向偏远地区人群，但其关怀的理念和思路仍有相通之处。譬如，在日本大阪有一批年纪较大、生活困苦的中老年人一直经营着规模不大的传统老店。而 21 世纪以来，现代商业竞争的压力令他们面临破产的境地。幸好一家广告公司"Keita Kusaka"及时施以援手，为其中一些店铺无偿设计海报，有效地吸引了顾客，最终使他们绝处逢生。再如，日本有一档被称为"超级全能住宅改造王"（大改造!!劇のビフォーアフター）的电视真人秀节目，时常委托优秀的设计人才，以经济、环保的方式为孤寡老人、失业人群、离婚妇女等贫困或弱势群体有计划地改造破瓦颓垣的旧屋，使其成为枕稳衾温的生活环境等。

相较而言，欧美等相关活动在道德意识、道德目的和道德规范上更为明确，像英国"实际行动"组织的"平等、幸福和技术正义"，美国"良心设计"运动的人道主义原则等都能直接为设计行为主体指明道德理想。而中国的相关活动在此方面则略显薄弱，尤其缺乏基于伦理层面对设计行为主体与贫困群体之关系的深刻探讨。或许，正如由刘易斯·吉马良斯博士（Dr. Luiz Guimarães）领导的巴西大坎皮纳斯联邦大学工业设计与可持续发展组所遵循的原则那样，才是设计行为主体与贫困群体之间关系的真实描述："设计师如果真的在乎改善低收入人群的现状，就应该抛弃他们特有的傲慢。经验显示，因为我们有较多的能力去解决这些人的问题，所以我们不得不对这些

人负责任。但是，我们必须谦逊地意识到，通过与这个群体的互动，我们还有很多的东西需要学习。" ①

---

① Thomas A. Design, Poverty, and Sustainable Development[J]. Design Issues, 2006, 22(4): 56.

结　论

无论设计关怀的对象是普通民众，还是像偏远地区贫困民众这样的弱势群体，甚至包括整个自然界，其中所关涉的最为核心的内容便是伦理，因为"伦理关怀是人之为人的基本精神需要"①。美国品德教育协会曾列出 11 种美德，"他们认为其中最广泛为人所有且非常重要的核心道德价值是：关怀、诚实、公正、责任以及对自我和他人的尊重，这些都是好品质的基础"②。不仅如此，关怀本身其实是关怀者与被关怀对象之间的一种关系，就像美国当代著名的教育思想家奈尔·诺丁斯（Nel Noddings）所说的那样："伦理关怀的巨大贡献是长久地指导行动，使自然关怀得以存储，使人们再一次能够带着彼此和自发的尊重互相联系。"③ 所以，本书在接近尾声之际，不免仍要重申设计伦理的视野，并探讨设计关怀偏远地区贫困群体，乃至关怀自然、社会与人的道德意义和要求。

一、"设计关怀"的伦理审视

　　"关怀"一词自古便有，"关"在《说文解字》中的解释是："以木横持门户也。从门声。古还切"④，后被引申为"立乎此而交彼"，也就有了"牵涉""涉及""关系"的意思在其中；而"怀"则是："念思也。从心裹声。户

---

① 吴成钢.困难群体伦理生态与伦理关怀研究——以珠江三角洲地区为例[M].广州：广东人民出版社，2007: 99.

② 李玢.关怀德育——关怀伦理视域下的高校道德教育研究[M].长春：吉林人民出版社，2010: 2.

③ 奈尔·诺丁斯.教育哲学[M].许立新，译.北京：北京师范大学出版社，2008: 235.

④ 许慎.说文解字：卷二十上[M].徐铉，校注.北京：中华书局，1985: 397.

乖切"①，因此有"思""念"之意。二者连用最早应见于《宋书·孔觊传》："为人使酒仗气，每醉辄弥日不醒，僚类之间，多所凌忽，尤不能曲意权幸，莫不畏而疾之。不治产业，居常贫罄，有无丰约，未尝关怀。"②《现代汉语词典》将其解释为"关心"，而它"在英文里是'care/caring'，即照料、照顾、看护、养育等意思，主要是对处于不利地位的人或群体的一种关切和帮助"③。可以说无论古今中外，"关怀"的概念都涉及对人与人、人与自然之间关系的描述，所以关乎"伦"；而具体的内容则多是立足人类发展和人类命运共同体视角的帮助与照拂，具有一定"应然"的规范性，故与"道德"不无关联。于是，"关怀"的伦理内蕴就随之产生了。而以此为对象的研究则出现在 20 世纪 70 年代的美国，它主要是第二次女性主义浪潮中以女性视角在对传统伦理学理论提出批判的基础上所形成的理论建构。其相关的代表人物有卡罗尔·吉利根（Carol Gilligan）和上文提及的奈尔·诺丁斯。关怀伦理的基本内涵就是"爱与尊重"④。而不论何种形式的"关怀"无非都是以伦理为内核的行为规范。

"设计关怀"当然也概莫能外，它的提出显然也是设计领域在伦理范畴内反思过往并规范未来的结果。前文曾说过，《装饰》杂志于 2010 年特别策划过"设计关怀"栏目，众多专家学者对此发表了自己的看法。其中《装饰》杂志编辑部就曾认为："真正关怀大众的设计不仅要出于道德责任，还要怀着细腻的理解和体贴，平等地为所有的人提供相同的便利和感受，包括生理及心理。"⑤ 于是他们从"安全、便利、廉价、顺应、情感与心理以及可及性"⑥ 等六个层面来予以探讨。的确，"设计关怀"不啻为设计行为主体的一种道德情感，它所反映的是人们以设计为载体的生活方式、存在状态。

---

① 许慎.说文解字：卷十下[M].徐铉，校注.北京：中华书局，1985：351.

② 沈约.邓琬.宋书：卷八十四[M].北京：中华书局，1974：2155.

③ 梁德友.弱势群体关怀的伦理审视[EB/OL].(2011-10-17)[2019-01-08].https://www.sinoss.net/show.php?contentid=36751，2011.

④ 吴成钢.困难群体伦理生态与伦理关怀研究——以珠江三角洲地区为例[M].广州：广东人民出版社，2007：100.

⑤ 装饰杂志编辑部.设计关怀的六个层面[J].装饰，2010(7)：17.

⑥ 装饰杂志编辑部.设计关怀的六个层面[J].装饰，2010(7)：17.

　　然而，如果立足伦理视角去审视当下的"设计关怀"，便不难察觉这样一个问题，即人们可能更多的是从"应然"的方面开始聚焦于设计行为的道德规范，这当然无可厚非，而且是设计领域的一大进步；但却往往忽视了从"实然"的方面去考察关怀主体与关怀客体的关系。而这才是"设计关怀"真正关键的部分，因为只有厘清这种伦理关系，才可能有的放矢地针对具体的关系状态来构建符合正道德价值的行为规范并践行和评价之。以"设计关怀偏远地区人群"的活动为例，本书在多个章节中都不断申述设计行为主体与偏远地区贫困主体之关系的目的便在于此。前者因其自身在经济、政治、文化等方面的权利、机遇和地位之故，往往不免以一种居高临下的身份介入相关活动。这便造成了设计行为主体与偏远地区贫困群体之间的地位差，产生了等级。而在此基础上的设计关怀也就必然是一种带有"救世主"和"施恩"色彩的单向活动，公平和正义以及人道主义原则便很容易在此间被抛诸脑后。是以，各种具有"民粹主义"倾向的设计观和设计作品便浮出水面，但这可能终将难逃人们以"作秀""表演"相诟病的结局。

　　毋庸置疑，如是情况显然是因为忽视了关怀的客体。诚如诺丁斯所言："关怀理论的最大贡献在于它对于关系和被关怀者所发挥作用的强调。毫不奇怪，这是许多传统的伦理学家拒斥的一个特征。关怀伦理认为，关怀并不完全存在于关怀者的态度和意图之中。我们必须追问对关怀者所产生的影响。如果 A 声称关怀 B，但 B 予以否认，那么 A 和 B 之间的关系就不是一种关怀的关系。"[①]"设计关怀偏远地区人群"的活动不仅是设计行为主体的主观立场，它更是要得到偏远地区贫困人群的反馈。同理，设计关怀其他弱势群体或者关怀普通民众的行为是否成立，或者说是否为一种"实然"的关系亦是立足于此。然而说到这里，却不免会令人产生这样的疑问，即上述的关怀客体都是人，但如若换成自然界的话，它不能像人那般表明立场、反馈态度，那么如何考量相关的行为活动呢？事实上，这是一个关涉生态伦理的关怀问题。

---

① 奈尔·诺丁斯. 教育哲学[M]. 许立新，译. 北京：北京师范大学出版社，2008: 236.

众所周知，生态危机本质上是人性危机。马克思在《1844年经济学哲学手稿》中提到："在人类历史中即在人类社会的形成过程中生成的自然界，是人的现实的自然界；因此，通过工业——尽管以异化的形式——形成的自然界，是真正的、人本学的自然界。"① 此即是说，自然界已然是人化的自然，有着人类行为的烙印，是"第二自然"。显而易见，各种诸如环境污染、能源短缺、水土流失等生态问题归根结底是人类自身造成的。换句话说，人类对自然施之以恶，自然便回之以恶；施之以善，便回之以善。人对大自然如何，大自然就会以何种方式反馈给人类。人类破坏自然，必然要接受自然的"惩罚"；相反，人类关怀自然，也会得到自然的"馈赠"。从这个意义上说，再结合诺丁斯的观点，自然界是否"承认"我们的设计关怀，主要还是取决于设计行为主体是否真正在实施关怀。倘若我们仍将自己视为无所不能的"造物主"或是"造物主"的代言人或是坚持以人类中心主义的立场来改造自然的话，那势必最终还是会被它以恶相报。所以设计关怀自然的伦理核心是端正人与自然的关系，关爱和尊重自然与生命，真正通过设计的手段来协调人与自然的关系，维护两者之间的和谐发展。

当然，因为设计伦理最早便是以一种反思的立场将人与自然生态的关系作为一项重要的研究内容而起步的，故而在此方面还是给予了一定的关注。但就设计行为主体与贫困群体、弱势群体乃至整个人类社会的关系来说，尚有待更为深入的探讨。恰如前文所言，设计道德和设计伦理毕竟有别。"设计关怀"的提出既要强调遵循设计行为规范的重要性，又要正视关怀主体与客体之间的关系，建构设计行为规范的准则以及实现的途径。惟其如此，方能将"设计关怀"提升至伦理境界加以描述与考量。

---

① 马克思.1844年经济学哲学手稿[M].中共中央马克思恩格斯列宁斯大林著作编译局，编译.北京：人民出版社，2000: 89.

二、"设计关怀偏远地区人群"的实现保障

近一两年来，中国从政府到民间都愈发重视设计参与"反贫困"活动的力量与作用。这一方面反映出设计正沿着其自身不断追求优良道德价值的方向而发展和完善的事实，展现了其在关乎国计民生的舞台上所扮演的重要角色。但同时从另一侧面也说明，在此之前设计领域确实对贫困群体的关注度不够，否则也不会直到最近才有了相关方面的呼声。现如今，基于政府和设计界已对设计关怀贫困弱势人群的活动达成了共识这一良好的开端，未来我们不仅要考虑设计能给予什么，更要思考它应该如何给予，或者说如何保障它遵循着应有的道德规范前行，而不至于最终荒腔走板，变得似是而非。因此本研究认为，除了第四章在伦理范畴内针对设计行为主体所提及的道德原则与行为规范外，还应有如下的考量，方有可能在一定程度上确保相关活动的有效展开。

第一，明确相关活动的伦理内涵。

关于这点，本研究已论述较多，故在此仅作总结性阐述。依据"效用论"的观点，"设计关怀偏远地区人群"要想具有正道德价值，前提必然是应符合人类命运共同体的道德目的，满足其道德要求。就偏远地区贫困群体而言，社会的道德目的是保障他们的生存与发展，增进他们每个人的利益，而道德要求便是通过合理、合法的手段脱贫致富。显而易见，这就要求设计行为主体应基于爱与尊重的前提，维护和保障贫困人群的利益，促进其持续与全面的发展。当然首当其冲的是物质领域的关怀，但这还远远不够，它只是隶属相关活动道德境界的基础层面。除此之外，还应在社会（人际）及精神领域观照他们的切实需求，用设计实现他们的人生价值和自我创造，帮助他们构建幸福美满的生活。只有从这个角度出发，才能使相关活动具有真正的伦理内蕴。

第二，树立设计行为主体的品德目标。

无须赘言，"设计关怀偏远地区人群"的有效实施在很大程度上依赖设计行为主体的行为规范，故而确立高尚的品德目标便显得格外重要。因为，无论是对公平正义及人道主义原则的坚守，还是要做到有节制、有良心的设计，其前提都需要设计行为主体具有优良的道德品格。没有品德目标，即便上述的道德原则和行为规范再具体，人们也没有践行的主动性。所以，只有形成明确的品德目标，设计行为主体才有可能遵循相关原则，自我规范相关行为。就目前看来，"设计关怀偏远地区人群"活动中的品德目标应该着重强调树立设计行为主体的"仁爱"之心。冯友兰先生曾明确指出："一个人在社会里行事为人，有他应循的义务，那是他应该做的。但是这些义务的本质应当是'爱人'，即'仁'。"[1]不仅如此，"仁之事，即是爱人，即是利他"[2]。人一旦有了"仁爱"之心也就必然会自觉产生"爱人"的心、"利他"的心、"同情"的心、"报恩"的心。众所周知，无私利他是善的最高原则，也是道德的最高原则。当然，现实情况不太可能从始至终以"无私利他"来要求所有的设计行为主体，但"爱人"和"利他"总是可以做到的。故而，在"为己利他、人己兼为"[3]的前提下锻造具有一定"仁爱"之心的道德品格将始终有助于"设计关怀偏远地区人群"的向善性。

第三，强化制度伦理的保障。

"世界银行《2005年全球企业经营环境报告》提出：消灭贫困，必须从消除制度贫困开始。在这里制度贫困并不是缺少制度，而是说不合理的制度容易导致贫困，合理的制度安排才有可能通向'共同富裕'。因此制度贫困主要表现为因缺乏制度的保障和支持的制度匮乏和不合理制度产生的制度剥夺而导致的贫困现象。"[4]制度究其实质而言是国家奉行的道德体现。伦理学上认为，一个国家所奉行的道德是否优良主要取决于三个关键因素，即道德终极标准——"增进每个人利益总量"、道德总原则——"善"、社会治理的道

① 冯友兰.中国哲学简史：插图珍藏本[M].北京：新世界出版社，2004：38.
② 冯友兰.三松堂全集：第四卷[M].郑州：河南人民出版社，2001：114.
③ 王海明.新伦理学（下册）[M].北京：商务印书馆，2008：1638.
④ 梁德友.弱势群体关怀的伦理审视[EB/OL].(2011-10-17)[2019-01-08].https://www.sinoss.net/show.php?contentid=36751，2011.

德原则——"公正（公平正义）"和"人道"。只有当此三个因素优良了，该国家所奉行的道德才是优良的，其制度也才会是优良的。所以，要确保"设计关怀偏远地区人群"的顺利实施，国家层面也应强化优良道德的建设以及推行符合优良道德价值的制度，尤其是应遵循公平正义和人道的原则，不断为偏远地区贫困群体创造实现自我价值的机遇和权利，制定相关政策、法规，构建保障其生存和发展的有利环境，并立足道德支持的角度出台更多可以激励、推动设计介入"反贫困"活动的办法与措施，呼吁全社会的力量都参与到"设计关怀偏远地区人群"的活动中来。

第四，推进关怀伦理的道德教育。

诺丁斯认为，"关怀伦理的主要目的正是防止引发剥削者／被剥削者、压迫者／被压迫者、道德主体／道德客体等二元对立的断裂"[①]，因而她主张要重视以关怀为内涵的道德教育。的确，"道德教育能够使人们自觉地践行某种道德义务，是培育理想人格、造就人们内在道德品质、调节社会行为、形成良好社会舆论和社会风气的重要手段"[②]。毕竟伦理性的关怀与诸如挂怀某件事的自然关怀有着本质的差异，它需要人们在道德方面做出努力。而这最根本的办法之一便是通过教育来培养人们的关怀情感。尤其是以高校作为塑造道德品格之重要阵地的德育环节以及实践环节，更能激发未来的设计行为主体产生相应的道德情感和道德诉求，而这是实现"设计关怀偏远地区人群"的原动力之一。按照诺丁斯的观点，在关怀伦理的道德教育中其本质因素的体现，仍旧如前文提及的那样，是关怀主体与关怀客体的关系问题。因此，"在相互责任的关系中（in relationship of mutual responsibility），关怀伦理把关怀者和被关怀者联系在一起。……关怀伦理要求我们每一个人认识到我们自己的缺点，把相互关系之中的优点表现出来。它认识到，就我们的道德的善而言，我们依赖彼此（在某种程度上依赖好运）。我能变得有多善，至少部分地依赖你如何对待我"[③]。而在具体的教育中，诺丁斯认为，要树立

---

① 奈尔·诺丁斯. 教育哲学[M]. 许立新，译. 北京：北京师范大学出版社，2008: 238.

② 李玢. 关怀德育——关怀伦理视域下的高校道德教育研究[M]. 长春：吉林人民出版社，2010: 1.

③ 奈尔·诺丁斯. 教育哲学[M]. 许立新，译. 北京：北京师范大学出版社，2008: 238.

榜样的力量来展示关怀的行为，并参与到学生的关怀话题中来共同反思、引导和评价关怀行为，另外，重视关怀的实践也有助于其沉浸在相关经历中来帮助其关怀能力的成长。总之，无论何种方法，设计关怀理念和能力的养成在很大程度上取决于关怀德育的健全与完善。

综上所述，"设计关怀偏远地区人群"这种极具伦理意蕴的行为是"设计关怀"体系中的一种具体践行。以此作为研究对象的初衷，就是从中探寻"设计关怀"在今后其他实践方面可资参考的原理、规律、方法和经验，呼吁人们从道德和伦理的视域真正发挥设计协调人与自然、人与社会、人与人之间关系的重要作用。

虽然设计伦理在中国刚刚起步，众多理论问题亟待探究。但是如果我们回溯近现代设计史便不难发现，伴随着现代社会民主与科学的崇高理想，人们对设计"价值理性"的追求日益强烈。打破精英式的藩篱，对设计优良道德价值的求索无疑已造就了一种隐性的力量，它的聚拢与壮大一方面会形成维系设计自身发展的必要条件；另一方面也将成为造福于全体人类的善举。"设计关怀偏远地区人群"的倡议正是在这种力量的驱使下提出的一种基于伦理层面的考量。

参考文献

一、古籍类参考文献

[1]　孟子 . 孟子 [M]. 牧语，译注 . 南昌：江西人民出版社，2017.

[2]　左丘明 . 左传 [M]. 杜预，注 . 上海：上海古籍出版社，2016.

[3]　孔子，左丘明 . 典藏文化 春秋左传 [M]. 哈尔滨：北方文艺出版社，2016.

[4]　论语 [M]. 刘兆伟，译注 . 北京：人民教育出版社，2015.

[5]　韩非 . 韩非子 [M]. 王先慎，集解，姜俊俊，校点 . 上海：上海古籍出版社，2015.

[6]　韩非 . 韩非子 [M]. 长沙：岳麓书社，2015.

[7]　曾子，子思；大学；中庸 [M]. 兰州：敦煌文艺出版社，2015.

[8]　李耳，庄周 . 典藏文化经典：老子·庄子 [M]. 北京：中国纺织出版社，2015.

[9]　荀况 . 荀子 [M]. 杨倞，注，耿芸，标校 . 上海：上海古籍出版社，2014.

[10]　王守仁 . 传习录校释 [M]. 萧无陂，校释 . 长沙：岳麓书社，2012.

[11]　僧祐 . 弘明集 [M]. 刘立夫，胡勇，译注 . 北京：中华书局，2011.

[12]　庄周 . 庄子 [M]. 方勇，译注 . 北京：中华书局，2010.

[13]　曾振宇，傅永聚 . 春秋繁露新注 [M]. 北京：商务印书馆，2010.

[14]　管仲 . 管子 [M]. 长春：时代文艺出版社，2008.

[15] 孟子. 孟子 [M]. 万丽华, 蓝旭, 译注. 北京: 中华书局, 2007.

[16] 墨翟. 墨子 [M]. 北京: 线装书局, 2007.

[17] 李耳. 道德经 [M]. 北京: 中国纺织出版社, 2007.

[18] 释宝唱. 比丘尼传校注 [M]. 王孺童, 校注. 北京: 中华书局, 2006.

[19] 班固. 汉书 [M]. 西安: 太白文艺出版社, 2006.

[20] 范晔. 后汉书 [M]. 西安: 太白文艺出版社, 2006.

[21] 汪受宽. 孝经译注 [M]. 上海: 上海古籍出版社, 2004.

[22] 李民, 王健. 尚书译注 [M]. 上海: 上海古籍出版社, 2004.

[23] 许慎. 说文解字 [M]. 南京: 江苏古籍出版社, 2001.

[24] 十三经注疏整理委员会. 十三经注疏: 周易正义 [M]. 北京: 北京大学出版社, 2000.

[25] 戴圣. 礼记 [M]. 崔高维, 校点. 沈阳: 辽宁教育出版社, 2000.

[26] 十三经注疏整理委员会. 十三经注疏: 春秋左传正义 [M]. 北京: 北京大学出版社, 1999.

[27] 王符. 潜夫论全译 [M]. 张觉, 译注. 贵阳: 贵州人民出版社, 1999.

[28] 十三经注疏整理委员会. 十三经注疏: 周易正义 [M]. 北京: 北京大学出版社, 1999.

[29] 陈寿. 三国志 [M]. 裴松之, 注. 北京: 中华书局, 1999.

[30] 李焘. 续资治通鉴长编 [M]. 北京: 中华书局, 1993.

[31] 释慧皎. 高僧传 [M]. 汤用彤, 校注, 汤一玄, 整理. 北京: 中华书局, 1992.

[32] 龙树. 大智度论 [M]. 鸠摩罗什, 译. 上海: 上海古籍出版社, 1991.

[33] 睡虎地秦墓竹简整理小组编. 睡虎地秦墓竹简 [M]. 北京: 文物出版社, 1990.

[34] 贾谊, 扬雄. 贾谊新书; 扬子法言 [M]. 上海: 上海古籍出版社, 1989.

[35] 刘安, 等. 淮南子 [M]. 高诱, 注. 上海: 上海古籍出版社, 1989.

[36] 黎靖德. 朱子语类 [M]. 王兴贤, 点校. 北京: 中华书局, 1988.

[37] 许慎. 说文解字注 [M]. 段玉裁, 注. 上海: 上海古籍出版社, 1988.

[38] 道宣. 续高僧传 [M]. 台北: 文殊出版社, 1988.

[39] 经元善, 虞和平. 经元善集 [M]. 武汉: 华中师范大学出版社, 1988.

[40] 赞宁. 宋高僧传 [M]. 范祥雍, 点校. 北京: 中华书局, 1987.

[41] 台湾商务印书馆影印本. 文渊阁四库全书子部 杂家类 杂纂之属 仕学规范·自警编·言行龟鉴 [M]. 台北: 台湾商务印书馆, 1986.

[42] 黄时鉴. 通制条格 [M]. 杭州: 浙江古籍出版社, 1986.

[43] 许慎. 说文解字 [M]. 徐铉, 校注. 北京: 中华书局, 1985.

[44] 王隽, 陈淳. 北溪字义; 附补遗严陵讲义 [M]. 北京: 中华书局, 1985.

[45] 司马迁. 史记 [M]. 裴骃, 集解, 司马贞, 索隐, 张守节, 正义. 北京: 中华书局, 1982.

[46] 崔寔. 四民月令辑释 [M]. 缪启愉, 辑释, 万国鼎, 审订. 北京: 农业出版社, 1981.

[47] 王明. 太平经合校 [M]. 北京: 中华书局, 1979.

[48] 李焘. 续资治通鉴长编 [M]. 北京: 中华书局, 1979.

[49] 司马光. 资治通鉴 [M]. 胡三省, 音注; "标点资治通鉴小组" 校点. 北京: 中华书局, 1976.

[50] 赵尔巽. 清史稿 [M]. 北京: 中华书局, 1976.

[51] 张载. 张子正蒙注 [M]. 王夫之, 注. 北京: 中华书局, 1975.

[52] 房玄龄, 等. 晋书 [M]. 北京: 中华书局, 1974.

[53] 李延寿. 北史 [M]. 北京: 中华书局, 1974.

[54] 沈约. 宋书 [M]. 北京: 中华书局, 1974.

[55] 萧子显. 南齐书 [M]. 北京: 中华书局, 1974.

[56] 姚思廉. 陈书 [M]. 北京: 中华书局, 1974.

[57] 魏征, 等. 隋书 [M]. 北京: 中华书局, 1974.

[58] 刘昫，等．旧唐书 [M]．北京：中华书局，1974.

[59] 脱脱，等．宋史 [M]．北京：中华书局，1974.

[60] 张廷玉，等．明史 [M]．北京：中华书局，1974.

[61] 夏原吉，等．明实录·明太祖实录 [M]．台北：历史语言研究所据北平图书馆校印红格钞本微卷影印，1962.

[62] 杨士奇，等．明实录·明太宗实录 [M]．台北：历史语言研究所据北平图书馆校印红格钞本微卷影印，1962.

[63] 龙文彬．明会要 [M]．北京：中华书局，1956.

二、近现代国内参考文献

（一）国内专著

[64] 黄承伟，刘欣，周晶．鉴往知来：十八世纪以来国际贫困与反贫困理论评述 [M]．南宁：广西人民出版社，2017.

[65] 中国社会科学院语言研究所词典编辑室．现代汉语词典 [M]．北京：商务印书馆，2016.

[66] 高放，高哲，张书杰．马克思恩格斯要论精选 [M] 增订本．北京：中央编译出版社，2016.

[67] 徐旭初，吴彬．贫困中的合作：贫困地区农村合作组织发展研究 [M]．杭州：浙江大学出版社，2016.

[68] 李余，蒋永穆．中国连片特困地区扶贫开发机制研究 [M]．北京：经济管理出版社，2016.

[69] 胡邦永，罗甫章．贫困地区教育均衡发展研究 [M]．成都：西南交通大学出版社，2016.

[70] 王有红．慈善理论与实践研究 [M]．武汉：武汉大学出版社，2015.

[71] 王银春．慈善伦理引论 [M]．上海：上海交通大学出版社，2015.

[72] 郑巨欣，陈永怡．设计学经典文献导读 [M]．杭州：浙江大学出版

社，2015.

[73] 蔡元培 . 中国伦理学史 [M]. 北京：中国和平出版社，2014.

[74] 吕洪业 . 中国古代慈善简史 [M]. 北京：中国社会出版社，2014.

[75] 黄专 . 作为观念的艺术史 [M]. 广州：岭南美术出版社，2014.

[76] 周博 . 现代设计伦理思想史 [M]. 北京：北京大学出版社，2014.

[77] 张犇 . 设计文化视野下的设计批评研究 [M]. 南京：江苏美术出版社，2014.

[78] 中共中央党校经济学教研部 . 中国扶贫开发调查 [M]. 北京：中共中央党校出版社，2013.

[79] 谭诗斌 . 现代贫困学导论 [M]. 武汉：湖北人民出版社，2012.

[80] 孙平华 .《世界人权宣言》研究 [M]. 北京：北京大学出版社，2012.

[81] 李立新 . 设计价值论 [M]. 北京：中国建筑工业出版社，2011.

[82] 李砚祖 . 设计研究：为国家身份及民生的设计 [M]. 重庆：重庆大学出版社，2010.

[83] 王俊文 . 当代中国农村贫困与反贫困问题研究 [M]. 长沙：湖南师范大学出版社，2010.

[84] 李庆宗 . 在理性与价值之间——走向人类文明的"合题" [M]. 北京：光明日报出版社，2010.

[85] 李玢 . 关怀德育——关怀伦理视域下的高校道德教育研究 [M]. 长春：吉林人民出版社，2010.

[86] 阮智富，郭忠新 . 现代汉语大词典 [M]. 上海：上海辞书出版社，2009.

[87] 甘绍平 . 人权伦理学 [M]. 北京：中国发展出版社，2009.

[88] 诸葛铠 . 设计艺术学十讲 [M]. 济南：山东美术出版社，2009.

[89] 黄厚石 . 设计批评 [M]. 南京：东南大学出版社，2009.

[90] 冯友兰 . 冯友兰文集 [M]. 长春：长春出版社，2008.

[91] 王海明 . 新伦理学 [M]. 北京：商务印书馆，2008.

[92] 冯友兰 . 新理学 [M]. 北京：生活·读书·新知三联书店，2007.

[93] 李德顺 . 价值论 [M]. 2 版 . 北京：中国人民大学出版社，2007.

[94] 周丰 . 人的行为选择与生态伦理 [M]. 西安：陕西人民出版社，2007.

[95] 林红 . 民粹主义——概念、理论与实证 [M]. 北京：中央编译出版社，2007.

[96] 潘洪林 . 科技理性与价值理性 [M]. 北京：中央编译出版社，2007.

[97] 吴成钢 . 困难群体伦理生态与伦理关怀研究——以珠江三角洲地区为例 [M]. 广州：广东人民出版社，2007.

[98] 诸葛铠 . 设计艺术学十讲 [M]. 济南：山东画报出版社，2006.

[99] 华梅 . 世界近现代设计史 [M]. 天津：天津人民出版社，2006.

[100]孙书行，韩跃红 . 多学科视野中的公平与正义 [M]. 昆明：云南人民出版社，2006.

[101]冯友兰 . 中国哲学简史：插图珍藏本 [M]. 北京：新世界出版社，2004.

[102]孙英 . 幸福论 [M]. 北京：人民出版社，2004.

[103]冯克诚，田晓娜 . 中国通史全编 [M]. 西宁：青海人民出版社，2002.

[104]朱贻庭 . 伦理学大辞典 [M]. 上海：上海辞书出版社，2002.

[105]陈红霞 . 社会福利思想 [M]. 北京：社会科学文献出版社，2002.

[106]《古代汉语词典》编写组 . 古代汉语词典 [M]. 北京：商务印书馆，2002.

[107]樊怀玉，郭志仪，等 . 贫困论——贫困与反贫困的理论与实践 [M]. 北京：民族出版社，2002.

[108]王受之 . 世界现代设计史 [M]. 北京：中国青年出版社，2002.

[109]冯友兰 . 三松堂全集 [M]. 郑州：河南人民出版社，2001.

[110]梁其姿 . 施善与教化——明清的慈善组织 [M]. 石家庄：河北教育出版社，2001.

[111]马德高，张晓博 . 精选新英汉词典 [M]. 北京：世界图书出版公司，2000.

[112] 黄建中 . 比较伦理学 [M]. 济南：山东人民出版社，1998.

[113] 张书琛 . 西方价值哲学思想简史 [M]. 北京：当代中国出版社，1998.

[114] 林毓生 . 热烈与冷静 [M]. 上海：上海文艺出版社，1998.

[115] 刘泽华 . 中国政治思想史 [M]. 杭州：浙江人民出版社，1996.

[116] 丁晓禾，刘以林 . 世语通言 狂语 [M]. 长春：吉林人民出版社，1994.

[117] 邓云特 . 中国救荒史 [M]. 北京：商务印书馆，1993.

[118] 马国泉，张品兴，高聚成 . 新时期新名词大辞典 [M]. 北京：中国广播电视出版社，1992.

[119] 沈恒炎，燕宏远 . 国外学者论人和人道主义 [M]. 北京：社会科学文献出版社，1991.

[120] 彭林 .《周礼》主体思想与成书年代研究 [M]. 北京：中国社会科学出版社，1991.

[121] 江亮演 . 社会救助的理论与实务 [M]. 台北：桂冠图书公司，1990.

[122] 张朋川 . 中国彩陶图谱 [M]. 北京：文物出版社，1990.

[123] 罗国杰 . 伦理学 [M]. 北京：人民出版社，1989.

[124] 商戈令 . 道德价值论 [M]. 杭州：浙江人民出版社，1988.

[125] 蔡元培，高平叔 . 蔡元培全集 [M]. 北京：中华书局，1984.

[126] 王德毅 . 宋史研究论集 [M]. 台北：鼎文书局，1972.

（二）国内论文

[127] 黄珊妹 . 苏格拉底至善论及其当代价值 [J]. 文教资料，2018(14)：55-57.

[128] 余涌 . 论道德上的完全义务与不完全义务 [J]. 哲学动态，2017(8)：71-77.

[129] 王健，王立鹏 . 全面建成小康社会的评价方法及指标体系 [J]. 人民论坛·学术前沿，2017(6)：77-85.

[130] 吴婕 . 艺术设计教育中的"良心教育"研究 [J]. 太原师范学院学报

（社会科学版），2016(6): 126-128.

[131]张时骏.西方慈善文化的主要渊源 [J].赤峰学院学报（汉文哲学社会科学版），2016(3): 168-171.

[132]吴振华.社会力量参与社会救助制度的路径 [J].中国民政，2015(7): 24-26.

[133]何建华.公平正义：民生幸福的伦理基础 [J].浙江社会科学，2014(5): 111-116，159-160.

[134]张绮曼.为西部农民生土窑洞改造设计——关于四校联合公益设计活动的报告 [J].美术，2014(4): 99-101.

[135]田海平.如何看待道德与幸福的一致性 [J].道德与文明，2014(3): 26-32.

[136]阎耀辉，苗青.慈善不是古希腊的主流社会观念——基于对古希腊神话的分析 [J].黑龙江史志，2013(19): 66-67.

[137]王文涛.先秦至南北朝慈善救助的特点与发展 [J].史学月刊，2013(3): 9-13.

[138]李一中.民生幸福的伦理基础 [J].辽宁省社会主义学院学报，2013(2): 97-99.

[139]陈文庆，王国银，苏平富，等.民生幸福：社会救助伦理价值向度 [J].湖州师范学院学报，2013(2): 51-54，58.

[140]党春旺.道德与幸福 [J].商业文化，2012(1): 332.

[141]耿云.西方国家慈善理念的嬗变 [J].中国宗教，2011(12): 52-54.

[142]陈秀平，陈继雄.中国古代民本思想探源——从先秦时期君民关系理论来看 [J].前沿，2010(20): 28-31.

[143]戴晓莉.Artecnica: 良心设计倡导者 [J].中华手工，2010(11): 22-25.

[144]装饰杂志编辑部.设计关怀的六个层面 [J].装饰，2010(7): 17.

[145]李云.设计关怀·廉价 [J].装饰，2010(7): 24-26.

[146]马婷，肖祥.从苏格拉底的"善生"理想看和谐社会公民道德生态

建设 [J]. 经济与社会发展，2010(5): 42-44.

[147]方晓风. 建筑还是机器？——现代建筑中的机器美学 [J]. 装饰，2010(4): 13-20.

[148]曹锦云. 简论明代的社会救济制度 [J]. 晋中学院学报，2010(1): 96-98.

[149]吴向东. 价值观的核心问题及其解答的前提批判 [J]. 马克思主义与现实，2010(1): 161-165.

[150]梁德友，傅瑞林. 论转型期中国弱势群体伦理关怀中的人道主义原则 [J]. 学理论，2009(32): 1-3.

[151]杨信礼. 马克思主义价值论与当代中国价值观的建构 [J]. 山东社会科学，2008(2): 5-15.

[152]李砚祖. 设计之仁——对设计伦理观的思考 [J]. 装饰，2007(9): 8-10.

[153]王仕杰. "伦理"与"道德"辨析 [J]. 伦理学研究，2007(6): 42-46.

[154]周秋光，曾桂林. 中国慈善思想渊源探析 [J]. 湖南师范大学社会科学学报，2007(3): 135-139.

[155]陈端计. 从反贫困视角对构建和谐社会的思考 [J]. 岭南学刊，2007(1): 62-65.

[156]戚小村. 论西方公益伦理思想的两大历史传统 [J]. 湖南科技大学学报（社会科学版），2006(4): 43-47.

[157]王荣党. 农村贫困线的测度与优化 [J]. 华东经济管理，2006(3): 42-47.

[158]张堂会. 启蒙与民众崇拜的悖谬——关于民粹主义与20世纪中国文学关系的几点思考 [J]. 社会科学战线，2006(1): 124-129.

[159]沈长云，李晶. 春秋官制与《周礼》比较研究——《周礼》成书年代再探讨 [J]. 历史研究，2004(6): 3-26，189.

[160]胡鞍钢，温军. 西部开发与民族发展 [J]. 西北民族大学学报（哲学社会科学版），2004(3): 30-58.

[161]徐道稳. 清代社会救济制度初探 [J]. 长沙民政职业技术学院学报，

2004(2): 13-15.

[162]张道一.设计道德——设计艺术思考之十八 [J]. 设计艺术，2003(4): 4-5.

[163]唐钧.社会政策的基本目标：从克服贫困到消除社会排斥 [J]. 江苏社会科学，2002(5): 41-47.

[164]鲁洁.人对人的理解：道德教育的基础——道德教育当代转型的思考 [J]. 教育研究，2000(7): 3-10，54.

[165]方晨曦，龙运书，吴传一.再释贫困 [J]. 西南民族大学学报（哲学社会科学版），2000(5): 71-74.

[166]王卫平.唐宋时期慈善事业概说 [J]. 史学月刊，2000(3): 95-102.

[167]王卫平.论中国古代慈善事业的思想基础 [J]. 江苏社会科学，1999(2): 116-121.

[168]岑大利.清代慈善机构述论 [J]. 历史档案，1998(1): 79-86，90.

[169]桑志达.重新认识贫困问题 [J]. 毛泽东邓小平理论研究，1997(5): 68-72.

[170]曲圣洁.测定贫困程度的综合评价法 [J]. 统计与咨询，1995(1): 25-27.

[171]杨叶.贫困程度的测量 [J]. 中国统计，1991(10): 31-32.

[172]国家统计局《中国城镇居民贫困问题研究》课题组.中国城镇居民贫困问题研究 [J]. 统计研究，1991(6): 12-18.

三、国外参考文献

（一）国外专著

[173]伊曼努力·康德.康德论人性与道德 [M]. 石磊，编译.北京：中国商业出版社，2016.

[174]苏格拉底.苏格拉底的教化哲学 [M]. 唐译，译.长春：吉林出版集

团有限责任公司，2013.

[175]亚里士多德 . 亚里士多德的宇宙哲学 [M]. 唐译，译 . 长春：吉林出版集团有限责任公司，2013.

[176]维克多·帕帕奈克 . 为真实的世界设计 [M]. 周博，译 . 北京：中信出版社，2013.

[177]中共中央马克思恩格斯列宁斯大林著作编译局 . 马克思恩格斯选集 [M]. 北京：人民出版社，2012.

[178]约翰·罗斯金 . 建筑的七盏明灯 [M]. 谷意，译 . 济南：山东画报出版社，2012.

[179]Agard K A. Leadership in Nonprofit Organizations: A Reference Handbook[M]. California: SAGE Publications，Inc，2011.

[180]Ignacio L. Götz.Conceptions of Happiness[M]. Revised Edition. Lanham: University Press of America，Inc，2010.

[181]汉默顿 . 思想的盛宴　一口气读完 100 部西方思想经典 [M]. 吴琼，等译 . 贵阳：贵州教育出版社，2010.

[182]白舍客 . 基督宗教伦理学 [M]. 静也，常宏，等译，雷立柏，校 . 上海：华东师范大学出版社，2010.

[183]卢梭 . 卢梭文集 [M]. 江文，编译 . 北京：中国戏剧出版社，2008.

[184]亚当·斯密 . 道德情操论 [M] 全译本 . 谢宗林，译 . 北京：中央编译出版社，2008.

[185]乔万尼·萨托利 . 民主新论 [M]. 冯克利，阎克文，译 . 上海：上海人民出版社，2008.

[186]奈尔·诺丁斯 . 教育哲学 [M]. 许立新，译 . 北京：北京师范大学出版社，2008.

[187]斯宾诺莎 . 伦理学 [M]. 李建，编译 . 西安：陕西人民出版社，2007.

[188]原研哉 . 设计中的设计 [M]. 朱锷，译 . 济南：山东人民出版社，2006.

[189]W. 博奥席耶. 勒·柯布西耶全集 [M]. 北京：中国建筑工业出版社，2005.

[190]亚里士多德. 尼各马可伦理学 [M]. 廖申白，译注. 北京：商务印书馆，2003.

[191]西塞罗. 论老年 论友谊 论责任 [M]. 徐奕春，译. 北京：商务印书馆，2003.

[192]皮尔素. 新牛津英语词典 [M]. 上海：上海外语教育出版社，2001.

[193]马克思. 1844 年经济学哲学手稿 [M]. 中共中央马克思恩格斯列宁斯大林著作编译局，编译. 北京：人民出版社，2000.

[194]罗曼·罗兰. 约翰·克利斯朵夫 [M]. 傅雷，译. 北京：中国友谊出版公司，2000.

[195]斯宾诺莎. 伦理学 [M]. 贺麟，译. 北京：商务印书馆，1997.

[196]萨缪尔森，诺德豪斯. 经济学 [M]. 第 14 版（上）. 胡代光，等译. 北京：北京经济学院出版社，1996.

[197]保罗·库尔茨. 保卫世俗人道主义 [M]. 余玲玲，杜丽燕，尹立，等译. 北京：东方出版社，1996.

[198]亚里士多德. 亚里士多德全集：第八卷 [M]. 苗力田，译. 北京：中国人民大学出版社，1994.

[199]冈纳·缪尔达尔. 世界贫困的挑战——世界反贫困大纲 [M]. 顾朝阳，张海红，高晓宇，等译. 北京：北京经济学院出版社，1994.

[200]H. 李凯尔特. 文化科学和自然科学 [M]. 涂纪亮，译，杜任之，校. 北京：商务印书馆，1991.

[201]弗里德里希·包尔生. 伦理学体系 [M]. 何怀宏，廖申白，译. 北京：中国社会科学出版社，1988.

[202]约翰·罗尔斯. 正义论 [M]. 何怀宏，何包钢，廖申白，译. 北京：中国社会科学出版社，1988.

[203]埃德加·博登海默. 法理学——法哲学及其方法 [M]. 邓正来，姬敬

武，译，梦觉，校 . 北京：华夏出版社，1987.

[204] A.H. 马斯洛 . 动机与人格 [M]. 许金声，程朝翔，译 . 北京：华夏出版社，1987.

[205] 柏拉图 . 理想国 [M]. 郭斌和，张竹明，译 . 北京：商务印书馆，1986.

[206] 路德维希·费尔巴哈 . 费尔巴哈哲学著作选集 [M]. 荣震华，李金山，译 . 北京：商务印书馆，1984.

[207] 亚里士多德 . 政治学 [M]. 吴寿彭，译 . 北京：商务印书馆，1983.

[208] Tom L. Beauchamp. Philosophical Ethics an Introduction to Moral Philosophy[M]. New York: McGraw-Hill，1982.

[209] 莱布尼茨 . 人类理智新论 [M]. 陈修斋，译 . 北京：商务印书馆，1982.

[210] 黑格尔 . 法哲学原理 [M]. 范扬，张企泰，译 . 北京：商务印书馆，1979.

[211] 亚当·斯密 . 国民财富的性质和原因的研究 [M]. 郭大力，王亚南，译 . 北京：商务印书馆，1979.

[212] Townsend P. Poverty in the Kingdom: A Survey of the Household Resource and Living Standard[M]. London: Allen Lane and Penguin Books，1979.

[213] Shils E. The Intellectuals and the Powers, And Other Essays[M]. Chicago and London: University of Chicago Press，1972.

[214] 中共中央马克思恩格斯列宁斯大林著作编译局 . 马克思恩格斯全集 [M]. 北京：人民出版社，1963.

[215] Smith S G. Social Pathology[M]. New York: The Macmillan Company，1912.

[216] Rowntree B S. Poverty，A Study of Town Life[M].3rd ed. New York: The Macmillan Company，1902.

（二）国外论文

[217] Thomas A. Design，Poverty，and Sustainable Development[J]. Design Issues, 2006, 22(4): 54-65.

[218] Wulfson M. The Ethics of Corporate Social Responsibility and Philanthropic Venturesl[J]. Journal of Business Ethics，2001(1): 135-145.

[219] Schumacher E F. The Work of the Intermediate Technology Development Group in Africa[J]. International Labour Review, 1972，106(1): 75-92.

四、其他参考文献

（一）学位论文

[220] 柳芳 . 针对贫困群体的可持续型设计研究 [D]. 武汉：武汉理工大学，2013.

[221] 王俊文 . 当代中国农村贫困与反贫困问题研究 [D]. 武汉：华中师范大学，2007.

[222] 王朝明 . 中国转型期城镇反贫困理论与实践研究 [D]. 成都：西南财经大学，2004.

（二）研究报告

[223] 世界银行，东亚及太平洋地区扶贫与经济管理局 . 从贫困地区到贫困人群：中国扶贫议程的演进 [R]. 世界银行，2009.

[224]《2000/2001 年世界发展报告》编写组 . 2000/2001 年世界发展报告：与贫困作斗争 [R]. 北京：中国财政经济出版社，2001.

[225] 世界银行 . 1990 年世界发展报告 [R]. 北京：中国财政经济出版社，1990.

（三）互联网资料

[226]中华人民共和国工业和信息化部办公厅.关于印发《设计扶贫三年行动计划（2018—2020年）》的通知[EB/OL]. (2018-08-20)[2019-02-03]. https://www.miit.gov.cn/ztzl/rdzt/fpgzztbd/xxgk/zcwj/art/2020/art_91ab35787c034cc394a76e2b18b42ea5.html.

[227]中华人民共和国工业和信息化部产业政策司.王江平出席第二届世界工业设计大会并致辞[EB/OL]. (2018-04-24)[2019-03-20]. http://www.miit.gov.cn/n1146290/n1146397/c6144925/content.html.

[228]南方都市报.设计修缮居与家，广东发起设计扶贫倡议书[EB/OL]. (2018-09-10)[2019-03-20].http://dy.163.com/v2/article/detail/DRCJNEGI05129QAF.html.

[229]中国工业设计协会.设计扶贫十大模式及措施重磅发布！全国设计扶贫工作全面推进！[EB/OL]. (2018-12-13)[2019-03-20].https://mp.weixin.qq.com/s/hd6Ci-XLKuQzfRmaNWXbAw.

[230]Engelen J. Artecnica's "Design W/ Conscience" Program[EB/OL]. (2010-09-08)[2017-05-05]. http://www.dedeceblog.com/2010/09/08/design-with-conscience-taiwan-designers-week.

[231]贾安东，袁月.聚焦精准扶贫 设计界在行动——"腹地智慧"2017全国设计教育学术研讨会暨中国高等教育学会设计教育专业委员会年会在我校举行[EB/OL]. (2017-11-26)[2019-02-14].http://www.scfai.edu.cn/info/1125/19219.htm.

[232]周志.光与影的交织，心与梦的飞翔——托德·布歇尔剪影设计[EB/OL]. (2010-06-03)[2019-04-07]. http://www.izhsh.com.cn/doc/2/1_612.html.

[233]新华网.民政部：鼓励社会力量参与社会救助[EB/OL]. (2014-02-28)[2018-10-18]. http://news.xinhuanet.com/politics/2014-02/28/c_119553700.htm.

[234]Practical Action. Expansion，History，Who We Are[EB/OL]. (2014-01-06)[2018-10-18]. http://practicalaction.org/history/January 6，2014.

[235] Practical Action. New Technology Challenging Poverty[EB/OL]. (2014-01-06)[2019-03-08].http://practicalaction.org/our-approach/ January 6，2014.

[236] Artecnica: Design with Conscience[EB/OL]. (2014-01-06)[2019-03-08].http://artecnica.com/about/design-w-conscience®.html，2014.

[237] Practical Action. Practical Action Our Story[EB/OL]. (2014-01-06)[2019-03-08].http://practicalaction.org/our-approach/ January 6，2014.

[238] 中国原创公益基金成立　资助贫困地区传统工艺传承. [EB/OL]. (2014-01-03)[2019-01-14].http://news.xinhuanet.com/politics/2014/01/03/c_118822080.htm.

[239] 梁德友. 弱势群体关怀的伦理审视 [EB/OL].（2011-10-17）[2019-03-06].https://www.sinoss.net/uploadfile/2011/1013/20111013055854125.pdf.

[240] Gibbs K. Artecnica Designs with a Conscience[EB/OL]. (2007-01-22)[2019-03-08].http://handeyemagazine.com/content/artecnica-designs-conscience，2009.

[241] 詹姆斯·戴维·沃尔芬森. 世界银行行长沃尔芬森在全球扶贫大会闭幕式上的讲话 [EB/OL]. (2004-06-03)[2018-12-13]. http://cn.chinagate.cn/povertyrelief/chx/2004-06/03/content_2320423.htm.

[242] 中华人民共和国国务院. 社会救助暂行办法 [EB/OL]. (2014-02-28)[2018-10-20]. https://www.gov.cn/zhengce/2014-02/28/content_2625652.htm.